国防科技图书出版基金

回转体的结构光测量原理

Principles of Geometrical Measurement of Rotational Parts with Structured Light

徐春广　肖定国　郝　娟　著

国防工业出版社

·北京·

图书在版编目(CIP)数据

回转体的结构光测量原理/徐春广,肖定国,郝娟著.
—北京:国防工业出版社,2017.1
ISBN 978-7-118-11111-8

Ⅰ.①回… Ⅱ.①徐… ②肖… ③郝… Ⅲ.①旋转
体-光学测量 Ⅳ.①TB96

中国版本图书馆 CIP 数据核字(2016)第 302597 号

※

*国防工业出版社*出版发行

(北京市海淀区紫竹院南路 23 号 邮政编码 100048)
腾飞印务有限公司印刷
新华书店经售

*

开本 710×1000 1/16 印张 12¾ 字数 190 千字
2017 年 1 月第 1 版第 1 次印刷 印数 1—2500 册 定价 58.00 元

(本书如有印装错误,我社负责调换)

国防书店:(010)88540777 发行邮购:(010)88540776
发行传真:(010)88540755 发行业务:(010)88540717

致 读 者

本书由国防科技图书出版基金资助出版。

国防科技图书出版工作是国防科技事业的一个重要方面。优秀的国防科技图书既是国防科技成果的一部分,又是国防科技水平的重要标志。为了促进国防科技和武器装备建设事业的发展,加强社会主义物质文明和精神文明建设,培养优秀科技人才,确保国防科技优秀图书的出版,原国防科工委于 1988 年初决定每年拨出专款,设立国防科技图书出版基金,成立评审委员会,扶持、审定出版国防科技优秀图书。

国防科技图书出版基金资助的对象是:

1. 在国防科学技术领域中,学术水平高,内容有创见,在学科上居领先地位的基础科学理论图书;在工程技术理论方面有突破的应用科学专著。

2. 学术思想新颖,内容具体、实用,对国防科技和武器装备发展具有较大推动作用的专著;密切结合国防现代化和武器装备现代化需要的高新技术内容的专著。

3. 有重要发展前景和有重大开拓使用价值,密切结合国防现代化和武器装备现代化需要的新工艺、新材料内容的专著。

4. 填补目前我国科技领域空白并具有军事应用前景的薄弱学科和边缘学科的科技图书。

国防科技图书出版基金评审委员会在总装备部的领导下开展工作,负责掌握出版基金的使用方向,评审受理的图书选题,决定资助的图书选题和资助金额,以及决定中断或取消资助等。经评审给予资助的图书,由总装备部国防工业出版社列选出版。

国防科技事业已经取得了举世瞩目的成就。国防科技图书承担着记载和弘扬这些成就,积累和传播科技知识的使命。在改革开放的新形势下,原国防科工委率先设立出版基金,扶持出版科技图书,这是一项具有深远意义的创举。此举势必促使国防科技图书的出版随着国防科技事业的发展更加兴旺。

设立出版基金是一件新生事物，是对出版工作的一项改革。因而，评审工作需要不断地摸索、认真地总结和及时地改进，这样，才能使有限的基金发挥出巨大的效能。评审工作更需要国防科技和武器装备建设战线广大科技工作者、专家、教授，以及社会各界朋友的热情支持。

让我们携起手来，为祖国昌盛、科技腾飞、出版繁荣而共同奋斗！

国防科技图书出版基金

评审委员会

国防科技图书出版基金
第七届评审委员会组成人员

前　　言

深孔类零件和复杂形状轴类工件等回转体零件应用非常广泛,几乎遍布所有工业领域的各种装备,如枪管、炮管、输油管道、炮弹弹体、弹丸、汽车发动机曲轴、汽轮机转子、机床主轴、轧机轧辊和挤压设备螺杆等。回转体零件是影响各种设备整体运行性能的关键零件,在加工和使用过程中需要对其精确测量。

深孔类零件的长径比较大,以火炮身管为例,通常管径为 25~155mm,但长度却可达 10000mm 以上,这对测量系统的结构尺寸、定位、驱动和测量信息传输都提出了较高甚至苛刻的要求,使得常规测量技术很难应用到深孔测量的领域之中。现有的深孔测量方法大多是单一参数检测,甚至采用手工方式,效率低,操作者易于疲劳出错,因此,研究高效、高精度的复杂深孔综合参数自动测量理论、方法和技术具有重要的理论和现实意义。对深孔类零件的测量主要是测其孔内轮廓的几何量和表面形状缺陷。几何量是指深孔的几何特性,如直径、容积、槽宽、槽深、螺旋线转角等;表面形状缺陷主要是指在深孔加工和使用过程中,在内表面上产生的擦伤、划痕、裂纹、点蚀和锈斑等。深孔的几何精度和表面状态对相关产品质量有重要影响,是制造领域急需解决的实际工程问题。

炮弹弹体和机床主轴是典型的复杂形状轴类工件,弹体廓形对炮弹飞行的姿态稳定度和非线性气动特性有直接影响,进而决定了炮弹飞行的动态品质和射击性能,机床主轴廓形是决定主轴转动平稳性的主要因素之一。因此,也需要及时测量轴类工件的廓形是否满足设计的精度要求。目前对轴类工件廓形,主要采用专用样板、投影仪器或三坐标测量机测量。专用样板测量以手工操作为主,精度和效率低、测量工具容易磨损、重复性不好,而且测量结果只能判定零件合格与否,无法提供相应的测量数据。投影法虽然不需要制造样板,但也需要人工判断,且不能提供完整测量数据。三坐标测量机虽然解决了测量精度和数据处理等问题,但由于是接触式测量,耗时长,速度慢,只适合首检或抽检,无法满足大批量、现场生产条件下的测量要求。

随着现代设计和制造技术对回转体零件精度要求的不断提高,原来只需要测量零件的几个重要位置尺寸,现在需要对其各部分尺寸进行全面测量,原来只需要测量零件单类几何尺寸误差,现在需要对其多类加工误差同时测量。传统测量方法和设备由于功能单一、测量效率低或精度差而远远落后于回转体零件加工技术的发展,无法满足现场测量的技术要求,严重制约了生产企业数字化制造和管理的发展。

本书结合高速发展的新型传感器技术、数控技术和计算机图像处理技术等,针对国防工业领域特种回转体零件的快速、现场、精密测量需求,提出了基于结构光的回转体几何参数测量技术,讲述了基于点、线、面等不同形式结构光的测量原理、方法、实现途径等。

结构光(Structured Light)是已知空间方向的投影光线的集合,照射在被测物体上,可投影出不同形状的几何图形,利用数字摄像机将该几何图形信息采集到计算机中,采用不同算法对几何图形的特征进行提取识别,从而得到被测对象的几何廓形。这是一种非接触测量方法,优点是速度快,精度高,抗干扰能力强,对测量环境没有特殊要求,非常适合现场使用,是实现特种回转体现场、快速、高精度几何量测量的有效方法,有广泛的应用前景。

本书是作者对多年来利用结构光开展回转体零件几何量测量研究工作的总结和提炼,也是作者多年来带领科研团队和指导研究生进行大量理论研究和工程实践的科研成果。书中主要内容来自于研究团队已发表的学术论文、会议论文、博士研究生和硕士研究生的毕业论文、科研项目研究报告和工作总结,以及本领域相关的重要学术论文和专著,有些内容在本书中是首次公开。

本书第 1 章由徐春广编写,第 2 章由郝娟编写,第 3~6 章由徐春广、肖定国编写,第 7 章由徐春广、孟凡武编写,全书由徐春广统筹、定稿。

由于时间仓促和水平有限,疏漏之处在所难免,敬请读者指正!

作 者

2017 年 1 月于北京

致　谢

　　书中的理论和方法研究是在 2003 年"教育部优秀青年教师资助计划项目"支持下开始的,后来又陆续得到了中央军委装备发展部(原总装备部)某试验基地、国家国防科技工业局(原国防科工委)、火炮和炮弹生产企业、火炮试验和应用单位以及石油钻具生产企业的项目资助,才使得原始创新设想和方法能从原理实验到理论方法,再到实践应用,一步步地完善起来。书中论述的许多理论和方法经过实践验证后,已经转化为技术和装备,在生产和实践中推广应用。没有国家各部委的科研计划和应用企业的支持,这些原始创新的想法是无法转化为技术为工业和国防建设服务的。在此,本书作者对支持、帮助和关心过本项技术发展的各部门和企业表示衷心的感谢!

　　本书内容是作者所在科研团队十多年科研积累的成果,是许多博士和硕士研究生们潜心研究和艰苦攻关的学术和技术成果。在此对已经毕业的郑军、朱文娟、冯忠伟、冷慧文和孟凡武等博士研究生,以及尚研、刘中生、曹辉、刘成刚、张双双、郝龙、盛东良、康驭涛和贺亚洲等硕士研究生们付出的辛勤劳动表示衷心的感谢!

　　感谢在本书编著过程和试验研究过程中给予过大力支持和帮助的周世圆副教授、贾玉平高级实验师、潘勤学博士和赵新玉博士等各位教师。

　　特别感谢国防工业出版社周敏文编辑在本书出版过程中的悉心指导和帮助。

　　感谢国防科技图书出版基金对本书出版的资助。

　　本书文图编辑整理工作由康驭涛和贺亚洲研究生完成,校对工作由王宏甫教授完成,在此表示衷心的感谢!

目　　录

Contents

第1章 绪 论

1.1 回转体廓形测量技术

深孔类零件和复杂形状轴类工件等回转体零件应用非常广泛,几乎遍布所有工业领域的各种装备,如汽车发动机曲轴、汽轮机转子、机床主轴、轧机轧辊、挤压设备螺杆、炮弹弹体、弹丸、枪管、炮管和输油管道等。回转体零件是影响各种设备整体运行性能的关键零件[1,2],在加工和使用过程中需要对其精确测量。曲轴是发动机的关键零部件之一,其廓形精度影响到发动机的耐磨性、振动、噪声等性能,并直接影响发动机的可靠性和使用寿命;轧辊是用于钢、铜、纸张等其他材料压平、定尺寸、造型以及获得要求表面质量的一种工具,其廓形精度直接影响到所加工板材的几何精度;炮弹弹体和火炮身管是火炮的关键部件,其尺寸偏差将影响弹体的初始速度、弹丸轨迹着落点、命中率和火炮身管寿命等性能,最终影响火炮的战斗能力和有效杀伤力。对这些回转体零件廓形参数进行快速高精度测量是保证其制造精度,从而保证设备整体运行性能的有效手段。

回转体零件的廓形是指回转体的形状和几何尺寸。长期以来,国内外对回转体类零件廓形的测量开展了大量的研究工作,测量手段从手动测量到全自动化测量,测量参数从单参数测量到多参数测量,传感原理包括机械、气、水、电磁、光、热、高能射线、声等物理量,形成了形式各异的回转体廓形尺寸的测量方法。

根据测量仪器与被测物体接触与否,可将这些方法分为接触式测量和非接触式测量。

对于结构简单的工件,人们最初采用游标卡尺、千分尺和卡规等接触式量具手动测量其廓形参数。图1-1所示为测内孔用的量规和测外径用的千分尺。后来又利用靠模法和一些能够现场使用的简单仪器来手动测量较复杂工件的轮廓,这种方法的测量精度不仅取决于测量器具的精度,而且还容易受到操作者自身影响,并可能产生粗大误差,测量结果不便于计算机管理。当被测工件具有特殊和复杂的廓形结构时(如火炮身管一般是长径比较大的深孔类零件,且内部结构复杂;弹体由多段特殊环状结构构成)这些手动测量手段无能为力。

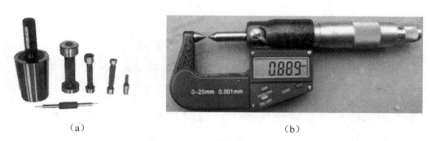

(a)   (b)

图 1-1　内孔量规和千分尺

三坐标测量机[3]是近年来发展起来的一种新型自动化接触式精密测量仪器,可检测零件的尺寸、形状及相互位置,适用于箱体、导轨、涡轮和叶片、缸体、凸轮、齿轮等各种零件的廓形测量,如图 1-2 所示。它的主要优点是测量精度高、适应性强、噪声低,且有较好的重复性,目前高精度的坐标测量机的单轴精度,每米长度内可达 1μm 以内,三维空间精度可达 1~2μm,英国 Renishaw 公司推出的测头,其测量精度最高可达 0.5μm,对于车间检测用的三坐标测量机,每米测量精度也可达 3~4μm。但它存在价格昂贵、测量效率低、测头易磨损和易损伤被测工件表面等缺点[4]。

图 1-2　三坐标机测量回转体廓形

接触式测量因为测量仪器本身需要与工件被测表面接触,容易腐蚀、划伤被测表面和磨损测量仪器,且测量效率较低。

为了克服接触式测量方法存在的弊病,从 20 世纪 80 年代开始,不断发展出各种非接触式测量方法,主要有超声波成像法、电磁成像法、热成像法、高能射线法和光学视觉成像测量法等[5-7]。光学视觉成像测量技术充分发挥了光学和电子学两种技术各自的优越性,具有非接触和精度高的特点,对被测物的材质、色泽无严格要求(只要不是透明的),测量范围较大且分辨率适中,不易受外界电磁场的干扰,已经越来越广泛地应用在回转体廓形的测量中。图 1-3 所示为光学视觉成像法测圆柱外径。

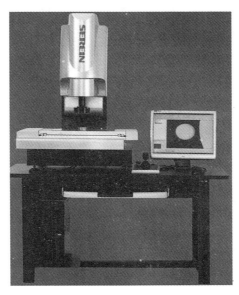

图 1-3 光学视觉成像法测圆柱外径

光学视觉成像测量方法根据场景光源的不同分为被动式视觉(PassiveVision)测量方法与主动式视觉(ActiveVision)测量方法[8]。

被动光学视觉测量是在自然光条件下进行的,不需要从外界向被测物体投射光源,主要用于模式识别、机器人导航、场景照相测量,依据测量系统中所使用相机的数量,分为单目视觉法、双目视觉法及多目视觉法。单目视觉法只用一个相机来获取三维深度信息,优点是测量系统构成简单、成本较低,相机标定容易,且克服了双目立体视觉中的视场小、立体匹配难的缺点,但是测量速度慢,精度低。双目视觉法与近景摄影测量方法的理论基础是相同的,基本原理如图 1-4 所示。用两台相机获取同一视场的两幅图像,根据两幅图像的视差恢复被测面的三维信息。双目视觉法原理简单,测量系统成本较低,对被测物体表面材质、颜色及测量环境要求不高,在大型、超大型三维物体(如大型文物、桥梁及其他建筑物等)三维测量中应用较多。双目视觉法主要缺点是测量点云不够密集,立体匹配问题始终是其主要难点,尤其是对于纹理缺乏的物体。双目视觉原理虽然简单,但是深度数据恢复计算较为复杂,一般只选择物体角点、边界线等易于提取的特征点进行计算,测量精度较低。为了解决双目视觉中的匹配问题,可以再增加一个或几个 CCD 相机,也就是多目视觉法。被动视觉测量受被测物体的表面形貌、形状、环境光影响严重。若被测物体自身的纹理信息不充分,被动视觉测量将不能获取被测物体的三维信息[8-13]。

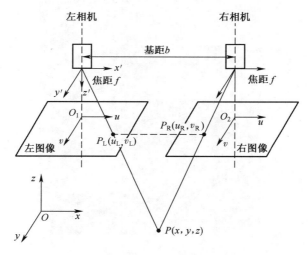

图 1-4　双目立体视觉法

主动光学视觉测量方法是将一定形状的光源投射到被测自由曲面的表面,相机接收被测表面调制过的光信号,并通过解调获取自由曲面的三维信息。根据原理不相同,可以分为飞行时间法(Time of Flight,TOF)、相位测量法(Phase Measuring Profilometry,PMP)、干涉测量法(Interferometery)和结构光(Structured Light)法。

飞行时间法[14,15]原理如图 1-5 所示,测量系统发射光脉冲到被测物体表面,经其反射后被传感器接收,测量光脉冲发射时间与反射时间的时间差就可以计算出被测点的位置信息。飞行时间法适于大范围测量,但分辨力比较低(一般精度为 1mm)[16],测量速度慢,需要配套精密机械扫描装置,且成本高。

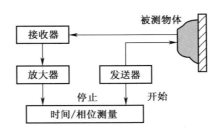

图 1-5 飞行时间法测量原理

相位测量法测量原理如图 1-6 所示,将一定振幅和相位的光栅条纹投影到被测物体表面,光栅条纹的振幅和相位受到被测物体表面深度调制,将含有被测物体深度信息的相位变化解调出来,从而获取被测物体的三维廓形信息[17]。

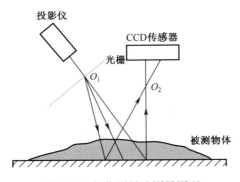

图 1-6 相位测量法测量原理

干涉测量法采用相干光源,一般以物体波前和参考波前的干涉条纹的形式给出测量结果,条纹图形中的光学相位信息反映了待测物面的几何形状。干涉测量法主要包括相干雷达法、散斑干涉法、白光干涉法[18-20]。相干雷达法分辨率可达到 1/1000 条纹,散斑干涉法分辨率高,测量精度达纳米级,且不存在遮挡问题,白光干涉法测量精度达到亚纳米,但是需要机械扫描机构,测量数据量庞大,难于实现实时测量。

结构光法是在双目或多目视觉技术上发展起来的主动光学视觉轮廓测量方法,测量速度快。其基本原理是,使用光源在被测物面上投射出不同形状的几何图形,利用光学图像传感器将该几何图形信息采集到计算机中,采用算法对几何图形特征点的空间位置进行计算,从而得到被测对象的几何形廓和尺寸数值。结构光法使用高能量光源照明,可以在自然光环境下进行检测,抗杂光干扰能力强,甚至于在周围环境光变化很大的情形下也可以进行测量。结构光视觉测量系统具有计算简单、视场大、成本低、量程大的特点,其结构光光条纹提取算法简单,能够实现实时在线检测,因此在工程实际三维测量中被广泛使用。但结构光法的测量精度与测量速度之间会相互制约[21-23],测量精度受光源物理性质的限制,被测物面有可能对结构光成像有遮挡。

1.2 结构光三维测量技术

结构光测量技术与经典的双目立体视觉法相似,只是用结构光光源替代了双目立体视觉系统中的一个相机,如图 1-7 所示。

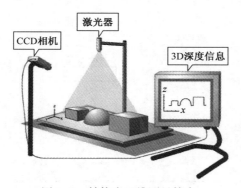

图 1-7 结构光三维测量技术

向被测物体表面投射的结构光形式有很多[24],大致可分为点结构光、线结构光和面结构光三种,如图 1-8 所示。因此,结构光视觉测量方法也可分为点结构光法、线结构光法和面结构光法。

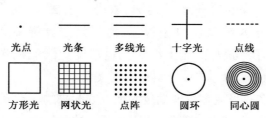

图 1-8 典型结构光形式

1.2.1 点结构光法

点结构光法是将点光源发出的发散角很小的激光光束投射到被测物体表面,并经物体反射后在 PSD(Position Sensitive Detectors)、CCD(Charge-coupled Device)等图像传感器上形成光点图像(图 1-9),光点图像中包含被测物面光点处的位置信息。点结构光系统实现简单,具有较高的测量精度(可达几微米)[25,26],但是由于一次采样只能获得单个点的位置信息,必须借助扫描系统才能完成一定范围物面轮廓的数据采集。图 1-9 通过对物体 x,y 向进行二维扫描可以得到被测物体的三维轮廓信息。

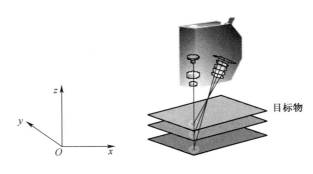

图 1-9 点结构光法测量原理

1.2.2 线结构光法

线结构光法由线光源取代点光源,所产生的图像也由光点图像变为光条图像,光条图像中含有被测物面的二维轮廓信息。如图 1-10 所示,线结构光照射到物体表面形成特征曲线,根据标定出的相机空间方向、结构参数等信息,利用三角法测量原理可以计算出被测物体位于特征曲线上的各点与 CCD 相机镜头主点之间的距离。系统中各个坐标系的定义为:$X_wY_wZ_w$ 为全局坐标系,是实现三维测量的参考空间,可以按照实际要求任意选定;$X_cY_cZ_c$ 为相机坐标系,原点 O_c 位于镜头的光心处,X 轴及 Y 轴分别平行于图像像素的行和列;X_iY_i 为成像平面坐标系,以长度物理量为单位;uv 为图像像素坐标系,原点为图像的左上角点,以像素数值为单位。

线结构光光束形成方法主要有投影狭缝法、棱镜衍射法、光栅衍射法、柱面镜发散法、振镜扫描法以及液晶投影法等[27]。线结构光法可以通过扫描获得物体表面的三维轮廓信息,如图 1-11 所示。线结构光法测量效率较高,在工程中应用较为普遍,如测外表面轮廓的直线结构光,可实现对轴类外轮廓几何参数的测量,测内表面轮廓的环状线结构光,可实现对孔腔内轮廓几何参数的测量,如图 1-12 所示。

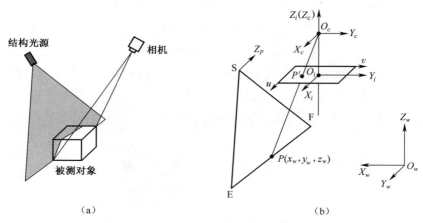

（a）   （b）

图 1-10   结构光系统基本结构及原理示意图

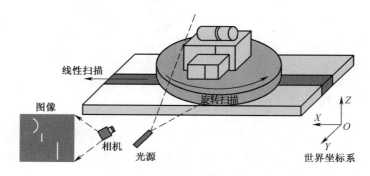

图 1-11   线结构法扫描测量

图 1-12   测外轮廓和内轮廓的线结构光

线结构光法是应用最为广泛的且很廉价的三维轮廓视觉测量系统,但是视场不大,通常为 20°~30°。采用双光源、双目视觉等冗余测量方法可以减少测量"盲区",通过降低散斑噪声的影响可以提高测量分辨力[28-30]。

1.2.3　面结构光法

面结构光法由面光源取代点光源,即将二维结构光图案投射到被测物体表面上,通过对产生的图像解码直接获得被测物体的三维轮廓,无需进行扫描,测量速度大大加快,图 1-13 所示为面结构光的三维测量原理。

图 1-13　面结构光三维测量原理

面结构光的图像解码主要有时间编码法与空间编码法两种。时间编码法将多次投射的不同的编码图案序列组合起来进行解码,二进制编码是较常用的方法,还有 RGB 颜色格雷码、高密度光栅码等[31-36]。时间编码法的优点是解码错误率较低,但要求结构光的投射空间位置保持不变,投射次数与编码形式有关,一般需要多次投射,使系统难以实现实时测量。空间编码法,只需一次投射就可获得景物深度图像,可实现快速的全场测量,适合于动态测量,但空间分辨力与测量精度较光条式结构光法低,编码图案易受景物表面特性不同而产生模糊点,发生译码错误。随着高分辨率的光学 LCD 投影仪和 CCD 相机的出现,这一问题将逐渐得以解决。彩色编码法是以彩色条纹作为物体三维信息的加载和传递工具,以彩色 CCD 相机作为图像获取器件,通过计算机软件处理,对颜色信息进行分析、解码,最终获取物体的三维面形数据[37]。对于彩色编码法,准确匹配投影光条与图像变形光条一直是难点。

1.3　结构光测量技术发展趋势

结构光三维测量技术是集光、电、控制、机械、计算机技术于一体的综合技术。随着光学技术、电子技术及计算机软硬件技术的进一步发展和图像处理技术的不断提高,结构光三维轮廓测量技术将会向以下几个方面发展:

1. 实时在线测量

目前结构光三维测量多为离线(Off-line)测量。应用较为成熟的是:线激光扫描,实现全视场扫描需要结合被测物体与传感器测头间的相对移动或旋转;采用投影仪投射的时间编码法结构光,但需要多次投影,且只能完成静态测量。

实时(Real-time)三维测量是工业生产中不断追求的一个目标,目的是减少生产成本,提高生产率及产品质量。

随着空间编码结构光技术的发展及采用多视角、多相机成像,以及拼接、重构等算法的不断改进,测量速度不断提高,结构光视觉将实现实时在线的动态测量。目前已有相关文献[38-41]对实时在线动态测量进行了报道。

2. 大视场、高精度测量

随着制造业的飞速发展,工程中使用的大型自由曲面越来越多。对于大型自由曲面,目前均使用将大型自由曲面分块的方法进行测量,然后对不同块测量得到的点云进行拼接。大视场与高精度是矛盾的,目前的工业测量对二者进行了折中处理。随着光学技术的发展,将出现大视场、高精度的三维结构光传感器,使分块数量减少甚至不分块测量,减小了数据处理的困难及拼接带来的重构误差。

3. 高智能化、高自动化测量

由于工程中使用的自由曲面越来越复杂,因此要求测量系统带有更多的智能,并减少人为干预,提高自动化处理能力,主要体现在自适应采样、自动标定、自动规划扫描路径、自动拼接等方面[42]。

4. 镜面反射物体的直接测量

对于表面为镜面反射的物体(如模具表面),其形貌的光学三维测量技术在工业中是急需的[43],但这方面的研究工作却不多。尽管可以采用在镜面反射表面喷油漆(或喷粉)的方法使表面成为漫反射表面然后进行测量[44,45],或者采用点扫描的方法进行测量[46],但这些方法削弱了光学法测量速度高的优点,测量结果不稳定,而且测量精度低。

5. 多传感器融合测量

目前还没有一种传感器能够对复杂自由曲面实现完全三维测量[47]。所以对于复杂自由曲面进行三维测量需要采用多传感的方式协同完成。为了扩大结构光三维测量方法的应用范围,提高测量精度,需要进一步对多传感器进行集成,减小系统体积,降低外部因素干扰,同时对系统的各个参数进行优化,提高系统运行的稳定性和测量精度。

1.4　回转体廓形测量发展趋势[48]

1. 测量过程从手动向自动化方向发展

由于电子技术和计算机技术的普及,不仅实现了测量过程的自动显示和自动数据处理,而且实现了程序控制测量,从而改变了过去那种手摇、目测和笔算的落后局面。测量过程的自动化不仅减少了人为因素的影响,还使测量精度和效率大大提高。

2. 从接触测量到非接触测量方向发展

回转体测量技术发展的初期,大多采用接触式的测量手段。由于接触式测量对工件和测量仪器都有一定的磨损,测量速度较低,现在的仪器大多采用非接触的无损检测技术。

3. 测量速度越来越快,获取的信息越来越多

早期的回转体廓形测量,如机械法、光栅法,只能测量内表面的少量点的信息,只能对工件的直径等单参数进行计算。随着技术的发展,测量速度越来越快,获取的信息越来越多,信息处理的速度越来越快,每秒可达 10 万个点,能够对工件的径向、轴向等多个几何参数同时测量,甚至可对整个工件表面进行三维重构。

4. 新传感技术被广泛应用

早期的测量,手段单一,方法简单。随着技术的发展,光电探测器的品种增多、性能提高,随着人造光源的发展、新的光学材料和零件的出现,光电测量技术在回转体廓形测量中的应用必将越来越广泛。

5. 测量系统向智能化发展

随着对误差理论的深入研究,新的误差评定算法不断出现,这使得误差评定理论不断丰富,软件功能进一步完善。智能技术、传感技术、信息技术和材料科学等多种新技术的融合,将使测量系统向智能化方向迈进。

6. 成为制造系统的组成部分

为了使回转体测量系统更好地适应生产环境,成为制造系统的一部分,需要进一步提高其功能和性能。此外,测量系统应有较完善的软件功能,有建模功能并和 CAD/CAM 软件融合,能与制造系统的网络交换数据,能有较高的运行速度与测量节拍,能符合生产节拍的需要。在现代制造系统中,测量的目的越来越不局限于产品质量的验收检验,而是向整个制造系统提供有关制造过程的信息,为控制提供依据。各种测量设备越来越成为现代制造系统的一个有机组成部分,能与数控机床等生产设备联网、通信,为计算机辅助设计、制造控制、工艺规划提供测量数据。

7. 新数学理论的应用和计算机技术的发展影响着回转体测量技术的发展

近年来,新的数学理论在实践中的应用,如小波变换,EST(Error Separate Technique)算法等的应用,使得回转体廓形测量的原理进一步发展。而计算机技术的迅猛发展,为这些测量原理提供了应用手段,从而也推动着回转体测量技术的发展。

本书结合高速发展的新型传感器技术、数控技术和计算机图像处理技术等,针对国防工业领域特种回转体零件的快速、现场、精密测量需求,提出了基于点结构光(激光三角法)、线结构光(环形激光法)和环面结构光等原理测量深孔内腔参数的方法,提出了基于线结构光(光幕法)原理测量轴类件外轮廓几何参数的方法,详细分析了测量过程的工作原理和关键技术。

参 考 文 献

[1] 郑军. 火炮身管内膛光电测量技术研究[D]. 北京:北京理工大学,2003.

[2] 闫利文. 高精度大型轴类工件在位测量方法及关键技术研究[D]. 上海:上海大学,2008.

[3] 张国雄. 三坐标测量机[M]. 天津:天津大学出版社,1999.

[4] 孙宇臣,葛宝臻,张以谟. 物体三维信息测量技术综述[J]. 光电子·激光,2004,15(2):248-254.

[5] Cordell J L. In-line inspection what technology is best[J]. Pipe Line Industry, 1999,(7):47-49.

[6] 陈杰,等. 传感器与检测技术[M]. 北京:北京理工大学,1998.

[7] 王艳颖,周晓军,车焕森,等. 超声检测中的路径受控仿形测量和曲面重构技术[J]. 中国机械工程,2003,14(6):490-495.

[8] Yang Y F, Aggarwal J K. An overview of geometric modeling using active sensing[J]. IEEE Control Systems Magazine, 1988, 8(3): 5-13.

［9］ Meng Xin, Chen Yuzhi, Qian Ning. Both monocular and binocular signals contribute to motion rivalry［J］. Vision Research, 2004,44(1): 45−55.

［10］ Zhang Y N. Integration of segmentation and stereo matching［C］. Proceedings of the SPIE−The International Society for Optical Engineering,1993, 2094:848−857.

［11］ Baker D H, Meese T S, Georgeson M A. Binocular interaction: contrast matching and contrast discrimination are predicted by the same model［J］. Spatial Vis. , 2007,20(5):397−413.

［12］ 张元元,张丽艳,杨博文. 基于双目立体视觉的无线柔性坐标测量系统［J］. 仪器仪表学报, 2010, 31(7): 1613−1619.

［13］ Min Young Kim, Hyungsuck Cho, Hyunki Lee. An active trinocular vision system for sensing mobile robot navigation environments［C］. 2004 IEEE/RSJ International Conference on Intelligent Robots and Systems (IROS), 2004:1698−1703.

［14］ Wallace A M,Buller G S, Walker A C. 3D imaging and ranging by time−correlated single photon counting［J］. Computing & Control Engineering Journal, 2001,8:157−168.

［15］ Bellisai S, Villa F, Tisa S. Indirect time−of−flight 3D ranging based on SPADs［C］. Quantum sensing and nanophotonic devices IX, Proceedings of SPIE, 2012, 1:22−26.

［16］ Frank Chen, Gordon M. Brown, Mumin Song. Overview of three−dimensional shape measurement using optical methods［J］. Opt. Eng, 2000,39(1):10−22.

［17］ 李永怀,冯其波. 光学三维轮廓测量技术进展［J］. 激光与红外,2005,35(3):143−147.

［18］ Wagner C, Osten W, Seebacher S. Direct shape measurement by digital wavefront reconstruction multi−wavelength contouring［J］. Optical Engineering, 2000,39(1), 79−85.

［19］ 乐开端, 王创社, 赵宏,等. 大动态范围形变测量［J］. 光子学报,1998,27(6):558−562.

［20］ Sandoz P. Unambiguous profilerometry by fringe−order identification in white−light phase shifting interferometry［J］. J. Mod. Opt, 1997, 44:519−534.

［21］ Mei Tiancan, Zhong Sidong, He Duiyan. Structured light stripe detection under variable ambient light［J］. Chinese Journal of Scientific Instrument, 2011,32(12):2794−2801.

［22］ 杨萍,唐亚哲. 结构光三维曲面重构［J］. 科学技术与工程,2006,6(19):3057−3060.

［23］ Blsis F. Review of 20 years of range sensor development［J］. Journal of Electronic Imaging, 2004,1: 231−243.

［24］ David Fofi, Tadeusz Sliwa, et al. A comparative survey on invisible structured light. SPIE Proceedings, 2004, 5303: 90−98.

［25］ 秦俊,陈颖,俞朴. 用于管道内表面自动无损检测的光学技术［J］. 机械制造,2001,39(4):44−46.

［26］ 李剑, 王文,等. 自由曲面非接触式测量路径规划及相关算法研究［J］. 计算机辅助设计与图形学学报,2002,14(4):301−304.

［27］ 梁治国,徐科,徐金梧,等. 结构光三维测量中的亚像素级特征提取与边缘检测［J］. 机械工程学报, 2004,40(12):96−99.

［28］ 陈伟民,王晓林,黄尚廉. 双光源光切法三维轮廓测量的误差分析［J］. 仪器仪表学报,1996,17 (2): 149−153.

［29］ Blais F, Rious M. A simple 3D sensor［C］. Proceedings of the SPIE−The International Society for Optical

Engineering, 1987,728:235－242.

[30] Beraldin J A, Blais F, Rioux M, et al. Signal processing requirements for a video rate laser range finder based upon the synchronized scanner approach [C]. Proceedings of the SPIE-The International Society for Optical Engineering. 1988, 850:189－198.

[31] Pages J, Pages J, Salvi J,et al. Overview of coded light projection techniques for automatic 3D profiling. IEEE International Conference on Robotics and Automation[C], 2003: 133－138.

[32] 董斌,尤政,李颖鹏,等. 基于空间二进制编码的 3D 形貌测量方法[J]. 光学技术,1999,5:33－36.

[33] Xu Jing,Gao Bingtuan,Han Jinhua. Realtime 3D profile measurement by using the composite pattern based on the binary stripe pattern[J]. Optics & Laser Technology, 2012,44(3): 587－593.

[34] Benveniste R, Ünsalan C. A Color Invariant Based Binary Coded Structured Light Range Scanner for Shiny Objects [C]. Proceedings of the 2010 20th International Conference on Pattern Recognition,2010,8:23－26.

[35] Hu Zhengzhou, Guan Qiu,Liu Sheng. Robust 3D shape reconstruction from a single image based on color structured light [C]. Proceedings of the 2009 International Conference on Artificial Intelligence and Computational Intelligence, 2009,11: 168－172.

[36] 孙军华,魏振忠,张广军. 一种高密度光栅结构光编码方法[J]. 光电工程,2006,33(7):78－82.

[37] 曲芳,钟金刚. 基于数字彩色结构光投影的唇动三维测量[J]. 光学技术,2006,32(5):691－694.

[38] Pages J, Salvi J, Matabosch C. Implementation of a robust coded structured light technique for dynamic 3D measurements. Proceedings of International Conference on Image Processing [C], 2003, 2: 1073－1076.

[39] Zhang L, Curless B, Seitz S M. Rapid shape acquisition using color structured light and multi-pass dynamic programming. Proceedings of First International Symposium on 3D Data Processing Visualization and Transmission[C], 2002: 24－36.

[40] Chen S Y, Li Y F. 3D vision system using unique color encoding. Proceedings of 2003 IEEE International Conference on Robotics, Intelligent Systems and Signal Processing[C], 2003,1:411－416.

[41] Adan A, Molina F, Vazquez A S,et al. 3D feature tracking using a dynamic structured light system. Proceedings of The 2nd Canadian Conference on Computer and Robot Vision[C], 2005: 168－175.

[42] Barone, Sandro, Paoli,et al. Shape measurement by a multi-view methodology based on the remote tracking of a 3D optical scanner[J]. Optics and Lasers in Engineering, 2012,50(3):380－390.

[43] Salis G, Seulin R,Morel O, et al. Machine vision system for the inspection of reflective parts in the automotive industry[C]. Proceedings of SPIE － The International Society for Optical Engineering,2007,6503: 1,29.

[44] Xie Kai, Liu Wanyu, et al. Calibration method for structured light 3D vision system. SPIE Proceedings, 2007, 18(3): 369－371.

[45] Fontani D, Francini F, et al. Mirror shape detection by Reflection Grating Moiré Method with optical design validation [C]. Proceedings of the SPIE － The International Society for Optical Engineering,2005, 5856(1):377－384.

[46] Ryu Y K,Cho H S. New optical sensing system for obtaining the three-dimensional shape of specular ob-

jects. ［J］. Optical Engineering, 1996,35(5)：1483-1495.

［47］Xie Zexiao, Wang Jianguo,et al. Complete 3D measurement in reverse engineering using a multi-probe system［J］. International Journal of Tools & Manufacture,2005, 45：1474-1486.

［48］叶廷峰. 火炮身管检测技术与系统设计［D］. 杭州:浙江大学. 2005.

第2章 内孔几何参数的点结构光测量原理

本章介绍了点结构光的位移测量原理和基于点结构光位移测量原理的复杂深孔内轮廓几何参数三维测量方法,针对测量头装置的特殊结构,介绍了其结构参数的标定原理。

2.1 点结构光的内孔轮廓测量原理

用点结构光来测量内孔轮廓时,一次采样可以获得内孔轮廓上单个点的径向参数,为了确定被测点的角度还需要安装角度传感器。点结构光传感器和角度传感器是内孔轮廓测量的关键元件。

2.1.1 激光传感器

点结构光法是将点光源发出的发散角很小的激光光束投射到被测物体表面,并经物体反射后在 PSD、CCD 等图像传感器上形成光点图像,光点图像中包含被测物面光点处的位置信息,因此可以根据像点计算出被测点的位移或位置。基于该原理的典型位移测量传感器是激光三角位移传感器(以下简称激光传感器),它可以精确地、非接触地测量点结构光照射点的位置、位移等变化[1-3]。

根据激光入射方向与放置被测物体的基准平面的夹角,激光传感器的工作方式可分为垂直入射方式和斜入射方式,如图 2-1 所示[3]。在垂直入射方式中,激光器发出的光束,经发射透镜聚焦后垂直入射到被测物体表面上并在被测物体表面产生漫反射,反射光经接收透镜后在成像平面(线阵CCD)上成像。随着被测物体移动或表面变化导致入射光点沿入射光轴移动,成像点也会变化。假设成像光轴 OO' 与光束入射方向的夹角为 α,根据图中的三角几何关系以及成像关系可得

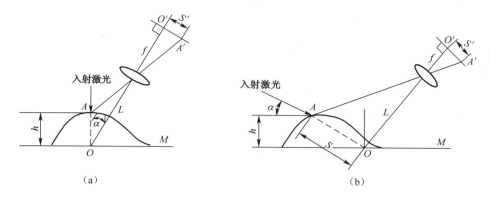

图 2-1　激光三角法位移传感器的工作方式
（a）垂直入射方式；（b）斜入射方式。

$$\frac{h \cdot \sin\alpha}{S'} = \frac{L - h\cos\alpha}{f} \tag{2-1}$$

对式（2-1）进行简单的变换，就可以得到被测点 A 的高度为

$$h = \frac{S'L}{f\sin\alpha + S'\cos\alpha} \tag{2-2}$$

式中：L 为光束照射到平面 M 上的基准点 O 与像机镜头中心的物距；f 为成像的像距；S' 为被测物体表面上 A 点在成像平面上的像点 A' 的偏移距离；h 为被测点 A 与基准平面的位移。L、f、α 为系统的固有参数，数字信号处理器根据检测的 S'，就可以计算出被测物体的位移 h。垂直入射式适合于反射性能较好表面（非镜面）的测量，否则可能由于光线大多被反射而影响测量效果。

在斜入射方式中，激光器发出的光束沿着与被测物体表面成一定角度 α 的方向入射到被测面上，入射光与成像光轴垂直，其他的与垂直入射方式一样。根据图中的三角几何关系及成像关系可得被测点 A 的高度为

$$h = S\sin\alpha = \frac{L}{f}S'\sin\alpha \tag{2-3}$$

与垂直入射式相比，斜入射式可接收来自被测物体的正反射光，比较适合测量表面接近镜面的物体，此外，斜入射式分辨率高于直射式，但测量范围较小、体积较大、光斑较大，而垂直入射式光斑小，光强集中，体积小。因此，可根据应用场合的不同选用不同入射方式的激光传感器。本书的测量

17

对象为复杂深孔,其内表面一般不是镜面,因此,可选用垂直入射方式的激光传感器。

激光传感器可以很方便地实现物体的厚度、振动、距离、直径等几何量的测量。过去,由于成本和体积等问题的限制,其应用未能普及。随着近年来电子技术的飞速发展,特别是半导体激光器、CCD 图像探测器和数字信号处理器(DSP)等的发展,激光传感器性能不断改进,激光对目标颜色、纹理和周围环境以及环境光线和温度变化等敏感性降低的同时,体积不断缩小,成本不断降低,测量精度不断提高,已逐步从研究走向实际应用。有众多的厂家在生产这种类型的传感器,如德国米铱(Micro Epsilon)和日本的基恩士(Keyence)公司都有一系列针对不同测量范围、不同测量精度和不同被测材质的激光传感器。基恩士 LK-H020 激光传感器的测量范围为(20±3)mm,线性度小于等于全量程的 0.02%,米铱的 ILD 2200-10 激光传感器的测量范围为(20±10)mm,线性度小于等于全量程的 0.03%。图 2-2 为基恩士 LK-H020 激光传感器及位移测量原理。

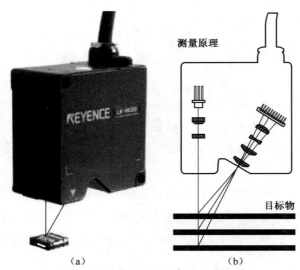

图 2-2　激光传感器及位移测量原理

2.1.2　角度传感器

常用的角度传感器有光电编码器、旋转变压器和圆光栅等。光电编码器、旋转变压器通常直接安装在伺服电机或滚珠丝杠上,用于测量电机或滚珠丝杠转角,为了减小测量误差,一般不用其直接测量点结构光传感器的旋转角度,而是采用圆光栅。测量角度的圆光栅跟测量直线位移的光栅尺工作原理是一样的,都是利用光学原理工作的测量反馈装置,由刻有等间隔线纹的标尺光栅和读数头组成,读数头由与标尺光栅光刻密度相同的指示光栅、光路系统和光电元件等组成。标尺光栅和指示光栅以一定间隙平行放置,但他们的刻度线相互倾斜一个很小的角度 θ,标尺光栅固定不动,指示光栅沿着与线纹相垂直的方向转(移)动,光线照射在标尺光栅上,经反射(或透射)到指示光栅并发生光的衍射,产生明暗交替的莫尔条纹。莫尔条纹具有放大的作用。用 B 表示莫尔条纹宽度,W 表示栅距,θ 表示光栅条纹间的夹角,它们之间的关系为

$$B = \frac{W}{2\sin\theta/2} \approx \frac{W}{\theta}$$

莫尔条纹的变化与圆光栅的转动或光栅尺的移动成正比,莫尔条纹变化一次,圆光栅转过一个栅距或光栅尺移动一个栅距,读数头输出一次脉冲信号。读数头对测量信号进行细分后,可以提高检测分辨率。图 2-3 所示为雷尼绍公司 Tonic_T2021 型号圆光栅,标尺光栅的刻线为 8192,经过光栅读数头上的控制器 50 倍细分后,角度分辨率可达 0.00088°。

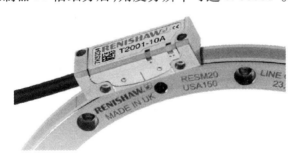

图 2-3　圆光栅

2.1.3　测量原理

激光三角位移传感器属于单点式位置测量传感器,为了获得被测孔径向截面整周的轮廓点数据,需要通过设置合理的回转机构控制传感器在被测孔内进行回转运动,以对轮廓上的点逐个进行测量,如图 2-4 所示。每个轮廓点可以用极坐标(r,θ)表示,其中,r 为各个被测点到传感器回转中心的距离,由激光传感器测量;θ 为激光束与坐标轴间的夹角,由角度传感器获

取。连续获取整周被测截面轮廓点的 (r,θ) 坐标值,经数据处理后就可以获得被测内孔在该径截面相应的几何参数信息,如深孔直径、槽宽、槽深等。回转机构带动激光传感器旋转一周,获得的深孔径截面的轮廓数据点云如图 2-4(b)所示。

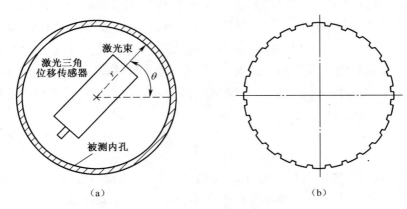

（a）   （b）

图 2-4 基于点结构光的深孔截面轮廓参数测量原理

(a)测量原理;(b)数据点云。

为了获得深孔内表面的三维轮廓数据,还需要增加轴向移动机构带动激光传感器沿着深孔的轴向移动。轴向移动机构每移动到一个固定的位置,就可以获得一组径截面的数据点云,结合每个截面的轴向位置和截面轮廓数据,可以得到整个深孔内表面轮廓的三维廓形,如图 2-5 所示。基于对这些数据的分析可以进一步计算深孔内表面的其他几何参数,如容积及螺旋角等。

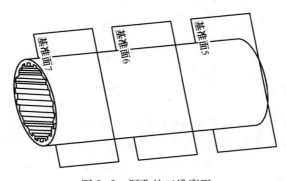

图 2-5 深孔的三维廓形

2.1.4　测量头装置固有参数标定原理

利用点结构光对内孔轮廓参数进行测量时,各个轮廓点的距离 r 由激光传感器测量,回转角度 θ 由相应的角度传感器获取。点结构光内孔测量头装置除了包括激光传感器、圆光栅等外,还应包括带动传感器回转的机构和支撑壳体,如图 2-6 所示。由于制造和装配误差的存在,激光传感器的回转轴线与其发射的激光束可能存在偏心值 a;此外,传感器输出的测量值是参照传感器内某一平面,但传感器回转轴线与该参考平面间也会存在偏移距离 b。因此,各个被测点到测量头装置回转中心的距离 r_i 并不等同于传感器输出量 l_i,二者之间存在如下关系: $r_i^2 = a^2 + (b + l_i)^2$。可见,参数 a 和 b 值直接影响测量结果。由于 a 和 b 是测量头装置的固有参数,在测量过程中不变,因此,需要对其进行标定后才能用于内孔几何参数的精密测量[4]。下面介绍一种标定此类测量头装置参数 a 和 b 的方法。

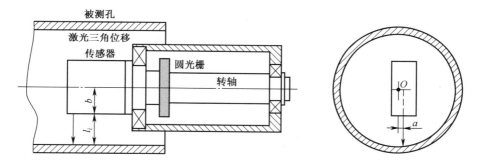

图 2-6　点结构光内孔测量头装置基本结构

测量头装置固有参数的标定过程可在图 2-7 所示的标定装置上进行,该标定装置是具有一个回转轴和两个移动轴的工作台,工作台的两个移动轴互相垂直,回转轴轴线与一个移动轴平行(卧式)或与两个移动轴都垂直(立式)。将标定件装卡在回转机构的三爪卡盘上,由回转机构带动其旋转,标定件一端是短圆柱,用于对其进行装卡,另一端是平面开口,开口端的两个内侧面是用于标定的平面,具有较高的平面度和平行度,并都平行于短圆柱的轴线。标定前要先通过一些高精度测量设备,如三坐标测量机,测量出两平面间的距离 D。将测头壳体通过 V 形块置于工作台平面上方,激光传感器可绕与测量头装置的转轴平行的轴做旋转运动。

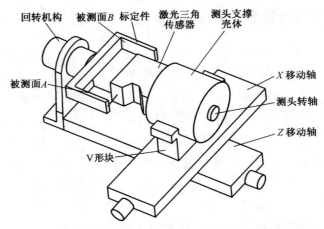

图 2-7　点结构光内孔测量头装置的固有参数标定装置

在过激光束并垂直于转轴的截面对参数 b 和 a 进行标定。参数 b 的标定原理如图 2-8 所示,首先让转轴带动传感器转向标定件被测面 A,调整传感器使激光束垂直于 A 面,得到读数 l_1,如图 2-8(a)所示。再使转轴带动传感器转向标定件被测面 B,调整传感器使激光束垂直于 B 面,得到读数 l_2,如图 2-8(b)所示。

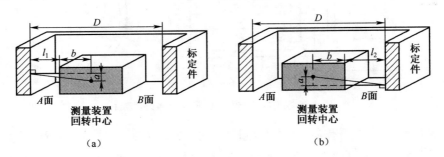

（a）　　　　　　　　　　　　　　　　　（b）

图 2-8　参数 b 的标定原理图

根据图 2-8 所示几何关系,可得测量头装置的转轴到激光传感器测量基准面的偏移距离:

$$b = (D - l_1 - l_2)/2 \qquad (2-4)$$

参数 a 的标定原理如图 2-9 所示。首先,让转轴带动激光传感器转向标定件被测面 A,在激光束与 A 面夹角 ±60° 范围内转动激光传感器,读取传感器读数值,并找出最小读数值 l_{1min},由于参数 a 和 b 是固定的,因此,与 l_{1min}

对应的 r_1 是最小的,也就是 r_1 与 A 面是垂直的,如图 2-9(a)所示;再使转轴带动激光传感器转向标定件被测面 B,在激光束与 B 面夹角 ±60°范围内转动激光传感器,读取传感器读数值,并找出最小读数值 $l_{2\min}$,同样也可以确定 r_2 是最小的,因此,与 $l_{2\min}$ 对应的 r_2 与 B 面也是垂直的,如图 2-9(b)所示。

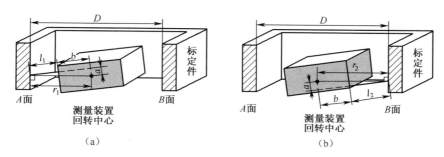

图 2-9　参数 a 的标定原理图

根据图 2-9 所示几何关系可得

$$
\begin{cases}
r_1 + r_2 = D \\
r_1 = \sqrt{a^2 + (b + l_{1\min})^2} \\
r_2 = \sqrt{a^2 + (b + l_{2\min})^2}
\end{cases}
\tag{2-5}
$$

由于式(2-4)已经标定出 b 值,因此可以由式(2-5)进一步标定出 a 值。至此,基于激光传感器的内孔轮廓测头装置固有参数 a 和 b 均得以标定。实际应用时,为了减小标定误差,对待标定的 a、b 参数可以取多次标定值的平均值。

2.2　数据采集与预处理

2.2.1　数据采集方法

由前述可知,利用点结构光测量头装置测量内孔轮廓时是通过对轮廓上的点逐个测量完成的,每个测量数据 (r, θ) 中的 r 由激光传感器测量,θ 由圆光栅获取,r 和 θ 是由不同的传感器测量的,两类数据融合形成内孔轮廓点集。每个数据点的采集方式,以及数据点的数量、分布等均会影响点云数据的拟合质量,是获得真实轮廓点云数据的关键,也是内孔轮廓测量的技术基础。

为了提高测量数据的重复精度,一般对来自不同传感器的数据采取同步采集的方式[5-7],常见的数据同步采集方式可分为等间隔采集和非等间隔采集两种,为了得到最接近真实情况的离散轮廓数据点,通常采用等间隔采集方式,由于采集过程总是与时间和空间紧密联系,故相应的就有等时间间隔采集和等空间间隔采集两种方式。

1. 等时间间隔采集

等时间间隔采集是每隔一定的时间采集一次数据,在 Windows 环境下,为实现实时自动测量,一般利用高精度定时器通过定时中断来控制采集指令的发送间隔实现数据采集。如 VisuaI C++ 6.0 提供了两种常用的定时器,一种是普通定时器,另一种是多媒体定时器[8]。普通定时器使用函数 SetTimer 对其初始化后产生硬件定时中断 08H,中断频率为 18.2Hz,即每隔 55ms 产生一次定时中断。普通定时器中断的优先权较低,几乎在所有消息被处理后才能被处理。该方法直接利用工控机的现有资源,方法简单,缺点是定时器的最高分辨力是 55ms,精度较低,适用于对精度和实时性要求不高的一般测量系统。

对精度和实时性要求较高的测量系统可以采用多媒体定时器,它使用单独的线程来调用自身的回调函数,优先级高,每隔一定时间就发送一个消息而不管其他消息是否执行完。对于现代 CPU 来说,其最大定时分辨力通常可达 1ms,可以满足大多数实时数据采集的需要。VisuaI C++ 6.0 使用 timeSetEvent 函数初始化和启动多媒体定时器。

```
MMRESULT timeSetEvent
    ( UINT uDelay,                      //定时触发时间间隔
      UINT uResolution,                 //定时器分辨力,最高 1ms
      LPTIMECALLBACK lpTimeProc,        //触发事件调用函数地址
      DWORD dwUser,                     //自定义返回值
      UINT fuEvent                      //定时类型)
```

若设定 uDelay = 15,uResolution = 1,则 timeSetEvent 每隔 15ms 执行一次回调函数进行数据采集。由于圆光栅和激光传感器均通过各自的硬件接口与工控机相连,采用多媒体定时器采集技术触发定时中断后,工控机通过软件分别读取 r 和 θ 两个测量值,经实验测试,最小采集周期只能达到 15ms。

由于 Windows 属于多任务操作系统,软件在读取两个传感器数据时会存在一定的时差,该时差在一定范围内是无规律变化的,导致采集的 r 和 θ 无法严格对应于轮廓的同一物理位置,直接影响了测量的精度和重复性。此外,当激光传感器的旋转速度发生变化时,各个轮廓点位置将发生变化,即使在同一转速下,伺服电机启动、运行、停止各个阶段的速度也不均匀,因此采用等时间间隔的采集方式,即使忽略 Windows 系统在采集时的时间差,也无法采集到均匀分布的数据。更高精度的轮廓测量中,误差通常要求控制在 $1\sim5\mu m$,多媒体定时器也难胜任。

2. 等空间间隔采集

为了实现更高精度的测量,必须保证所采集数据能均匀分布,为此要采取等空间间隔采集方法[5,7],在测量内孔轮廓时就是等角度间隔采集,即旋转机构每转过相同角度便进行一次数据采集,这样采集得到的数据点分布均匀,但要增加硬件触发装置。利用凌华(ADLINK)公司的 PCI-8124 编码器触发卡可以实现等角度间隔数据的同步采集,PCI-8124 是带脉冲触发功能的高级 4 通道编码器信号处理卡,具有输出触发脉冲和接收编码器高频输入脉冲的功能(触发脉冲频率最高可以达到 5MHz,编码器输入频率最高可以达到 10MHz)。它可以对接收的编码器信号计数,并与设定的间隔数据进行比较,达到设定值就输出一个触发脉冲,触发数据采集,图 2-10 所示为利用 PCI-8124 脉冲触发采集的原理示意图。

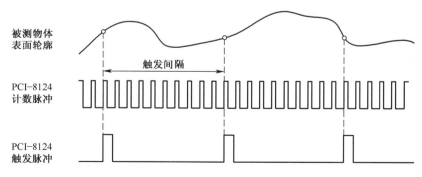

图 2-10 　 PCI-8124 脉冲触发采集示意图

在 Visual C++ 6.0 平台上,使用 PCI-8124 的线性比较功能设置函数 8124_set_linear_compare 来设置等角度间隔采集功能[9]:

I16 _8124_set_linear_compare

```
（I16 CardId,              // PCI-8124 卡号
 I16 SetNum,              //线性比较器号
 I16 Channel,             //输出通道号
 I32 StartPoint,          //触发起始点
 I64 RepeaTimes,          //触发重复次数
 I16 Interval             //触发间隔）
```

将圆光栅的输出信号接到 PCI-8124 的编码器输入通道,设置好触发起始点、触发重复次数、触发间隔和输出通道号等参数,PCI-8124 在对应的输出通道上会自动根据设置值由硬件直接输出一系列均匀的触发脉冲,触发脉冲的宽度也可以事先根据需要由软件来调整。

假设圆光栅刻线为 8192,经过光栅控制器 50 倍细分后,旋转一周的脉冲数是 409600,脉冲当量为 0.00088°。若设定 PCI-8124 卡每隔 100 个脉冲发出一个脉冲信号,触发激光传感器采集数据,则设定 Interval = 100,RepeaTimes = 409600/100 = 4096(次),即不论伺服电机是在启动、运行还是停止阶段,也不论电机运行速度如何变化,圆光栅每转过 0.088° 就同步触发激光传感器采集一次数据,因此,对一个完整的内孔截面总是均匀地采集 4096 个数据。

3. 数据采集实验

本文利用图 2-6 所示点结构光内孔测量头装置在一段等齐膛线的火炮身管上进行了测量实验,对基于 Windows 多媒体定时器的等时间间隔采集和基于 PCI-8124 编码器卡的等角度间隔采集结果进行了对比分析。

图 2-11 所示为根据两种采集方法采集的点云数据生成的炮管内膛截面图像和对应同一条膛线部分点云数据的放大显示图。

图 2-11(a)中相邻两个数据点的间隔做无规律变化,图 2-11(b)中的数据点分布均匀平滑。两图中相邻两个数据点的角度坐标差值如图 2-12 所示,等时间间隔采集法中,相邻两数据点之间的角度差在 0.054°~0.218° 范围内做无规律变化,而等角度间隔采集法中,相邻两数据点之间的差值基本保持在 0.088°,即激光传感器每旋转 0.088° 同步采集一次数据,有利于提高轮廓测量的精度和重复性。

2.2.2　数据预处理

经过等空间间隔同步采集得到的原始轮廓数据为离散点集,由于被测

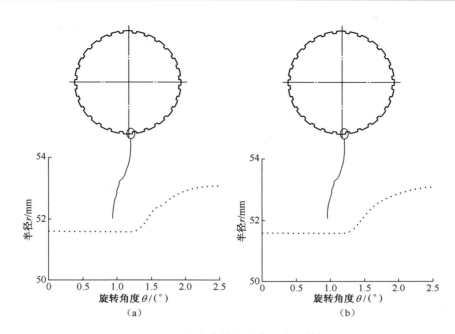

图 2-11　火炮身管内膛截面点云数据

（a）等时间间隔采集图；（b）等角度间隔采集图。

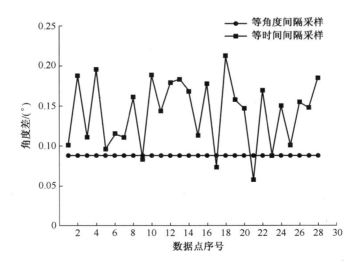

图 2-12　不同采集方法相邻数据点角度差值

对象的表面粗糙度、波纹以及运动装置的振动均会对采集到的信号产生干扰，使其中会包含无用数据和噪声，因此必须对原始信号进行预处理，剔除采样数据中的无用数据。

首先,将内孔轮廓数据转化成被测对象二维空间下的坐标值,用点集 $P = \{ P_i(r_i, \theta_i) = P_i(x_i, y_i) \mid 0 \leqslant i \leqslant N \}$ 表示,其中 $x_i = r_i\cos\theta_i$,$y_i = r_i\sin\theta_i$。各个轮廓点 $P_i(x_i, y_i)$ 主要由被测对象的理想测量值 $m_i(x_i, y_i)$、系统粗大误差 $\beta_i(x_i, y_i)$ 和系统随机误差 $e_i(x_i, y_i)$ 三部分组成,即

$$P_i(x_i, y_i) = m_i(x_i, y_i) + \beta_i(x_i, y_i) + e_i(x_i, y_i) \tag{2-6}$$

式中:$m_i(x_i, y_i)$ 为轮廓的基本几何信息,反映了所测量的对象是直线、圆弧还是其他几何形状;$\beta_i(x_i, y_i)$ 为由于测量的失误或测量环境条件的突变(如较大的冲击、振动以及来自系统内部电源的突变干扰)等不正常因素造成的系统粗大误差;$e_i(x_i, y_i)$ 为由于被测对象的表面粗糙度、波纹等产生的随机误差。

为了尽可能地反映被测内孔轮廓的真实形状,首先要剔除系统的粗大误差 $\beta_i(x_i, y_i)$,避免错误的测量数据造成测量对象的轮廓失真;其次,还要将系统随机误差 $e_i(x_i, y_i)$ 尽可能减小,最大限度地消除随机误差因素的不利影响,使轮廓点 $P_i(x_i, y_i)$ 逼近于理想测量值 $m_i(x_i, y_i)$。

1. 剔除粗大误差

粗大误差点 $\beta_i(x_i, y_i)$ 在测量数据中表现为一些强干扰信号,如图 2-13 所示。其主要特点是:①幅值大,在测量曲线上表现的是大的尖峰,其变化率远大于其他被测信号,该干扰信号往往会淹没被测信号。②频率高,这种信号往往只占测量过程中一小段时间,反映为很高的频率。

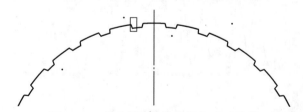

图 2-13 内孔轮廓数据中的粗大误差点

当被测工件轮廓的截面形状变化缓慢的时候,相邻测量点的数值变化不大,但如果有粗大误差存在,则会引起相邻点之间发生很大变化,这个变化量远高于正常相邻测量点数据的变化量。可以采用基于预测值的缓变量密集数据平滑处理算法去除粗大误差,即用预测值与实测值作比较,以判别是否为粗大误差。设被测工件轮廓的最大误差限为 $E_{\max}$,若第 i 个采样点

$P_i(x_i,y_i)$ 的预测值为 $P_i(x_i,y_i)'$,当 $|P_i(x_i,y_i)-P_i(x_i,y_i)'|>E_{max}$ 时,则认为此采样点 $P_i(x_i,y_i)$ 是粗大误差,应予以剔除并以预测值 $P_i(x_i,y_i)'$ 取代采样值 $f(x_i,y_i)$。E_{max} 值的选取应根据实测数据值的正常波动幅度及干扰数据的幅度确定,这一方法只适用于数据值范围不宽的情况。预测值常用一阶差分法推断,即 $P_i(x_i,y_i)=P_{i-1}(x_{i-1},y_{i-1})+(P_{i-1}(x_{i-1},y_{i-1})-P_{i-2}(x_{i-2},y_{i-2}))$。

当被测工件轮廓的截面形状变化较大而粗大误差只是个别现象时(图 2-13),采用上述方法会增加计算量,而且 E_{max} 值也很难确定,这时可以通过图形处理软件(如 Matlab 或 ImageWare)将测量的数据点以图形的方式显示出来,在图形中找出粗大误差点,再通过人机交互方法将这些粗大误差点从数据列中直接剔除后,获得新的数据点集。

2. 降低随机误差

除了粗大误差外,在获得的轮廓数据中还有可能存在一些低频随机信号,它与被测表面变化接近,幅值较小,使轮廓曲线上表现为"毛刺"。低频随机信号误差是由系统随机误差 $e_i(x_i,y_i)$ 引起的,在一些传感器进行快速运动测量时很常见,这种随机误差很难完全消除,采用随机滤波去噪,可以尽可能地降低其所造成的影响。

为了更清楚地观察到低频的随机误差信号,将测量系统得到的一段轮廓数据点集(图 2-13 中方框内部分)进行展开、放大显示,如图 2-14 所示。可以看到在 A、B 处有明显的随机误差存在,这些随机误差会使轮廓表面出现"毛刺",不利于后面轮廓特征参数的计算,因此需要采取措施降低其影响。

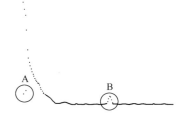

图 2-14　内孔轮廓点云数据局部放大图

对一般的简单轮廓曲线,可以通过最小二乘曲线拟合去噪算法降低随机误差的不利影响,方法是先对所有轮廓数据进行拟合,然后计算各轮廓点到拟合曲线的距离,删除超过允差值的数据点。但是,该算法应用于复杂轮廓数据的去噪处理时存在缺陷。这主要是因为采用最小二乘拟合算法时,拟合次数越高,拟合曲线越逼近物体的真实外形。但随着拟合次数的增加,可能在拟合区间内发生龙格现象,即拟合曲线在某一区间内大幅度地偏离物体真实外形。因此,对于起伏剧烈、特征明显的轮廓数据云,若采用一条拟合曲线将会造成大量有用数据的丢失,增大计算误差。针对这种情况,本书考虑采用分段拟合、分段去噪的方法。具体步骤如下:

(1)对离散点云数据进行分段,具体的分段算法参考2.3节。

(2)对分段后的每一段采用最小二乘法拟合曲线。

(3)计算各段中数据点到拟合曲线的距离,剔除超过预定值的点,保存剩下的数据点。

2.3　轮廓分段方法

2.3.1　概述

上述经过处理的内孔截面轮廓数据点云虽然包含截面的轮廓信息,但相关的截面几何参数尺寸,例如孔截面上某个沟槽的深度和宽度、圆弧的圆心位置和半径尺寸等无法直接从数据点云中获得,必须通过对测量数据点云进行计算处理,包括轮廓分段、几何参数计算等一系列处理,才能最终得到所需几何量。其中,轮廓分段是最关键的一步[10-27],它是指从原始数据点云中,提取出表征目标形状的最基本特征基元(也叫特征点,包括角点、切点等),将原始数据点云分成不同的子集(这些子集往往属于孤立的点、连续的曲线或者连续的区域),即将原始轮廓进行分段,以利于后续的几何参数计算。

工程实际应用中,构成零件形状的轮廓曲线多种多样,但由直线、圆弧及其组合构成的曲线占据主导地位。本文研究的回转体廓形曲线主要由直线、圆弧以及它们的组合构成,因此廓形曲线上的分段特征点可以分为两种,一种是直线与直线、直线与圆弧或圆弧与圆弧的交点,一般称为角点,如图2-15中的 B、C、F 点;另一种是直线与圆弧、圆弧与圆弧的切点,如图2-15中的 D、E 点。

对轮廓曲线的测量数据点云进行分段,可以采用手工分段和自动分段方法。采用人机交互的方式来确定分段点就是一种手工分段方法[11]。这种方法耗时长,操作不便,只能用于单个零件的测量或者逆向工程时未知零件的检测。对于批量检测的产品,能够用计算机算法自动对测量数据进行分段,是实现快速自动测量的基础。

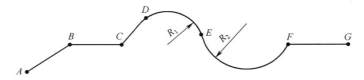

图 2-15　轮廓曲线的角点和切点

　　测量数据点的自动分段方法,就是根据事先规定的曲线轮廓特征参数的变化情况对测量数据点进行比较分类,找出测量数据点中特征参数变化符合要求的数据点,并以此对测量数据点进行分段。根据对测量数据点的处理方式不同,现有的廓形曲线分段方法可以分为两类:直接法和间接法[13-22]。直接法就是不作其他的转换,直接基于轮廓的测量数据点集合对廓形曲线进行分段;而间接法则是将轮廓曲线的分段问题转化为另一个等价或近似等价的问题,原有问题能否很好地解决依赖于转化问题的等价性能以及等价问题求解的难易程度。间接法不直接利用测量数据点列,而是通过求解表征轮廓特征的一些参数,如曲率。

　　典型的廓形曲线直接分段法是分解算法。该算法的基本原理是:连接测量数据集合中首点 P_s 与尾点 P_e,计算各测量点 P_i 到直线 P_sP_e 的距离 d_i。对于给定的阈值 ε,如果其中的最大距离 $d_{max}<\varepsilon$,则将该轮廓段近似为一条直线,分解结束;否则将测量点集合在最大距离处分解为两个子集,然后继续对这两个子集进行上述同样的分解,直到每个子集均满足 $d_{max}<\varepsilon$ 为止。该算法最终将一系列的廓形测量点分解为若干子集,拟合成为若干首尾相连的直线段,原理简单明了,易于编程实现;通过调整控制精度的阈值 ε,任意形状的廓形曲线可以达到很高的描述精度。但是采用该算法需要重复计算点到直线的距离,计算量大;控制精度的大小对分段结果有很大的影响;采用该算法只能将廓形曲线分解为多条直线段,不能从中分解出圆弧;如果轮廓中有圆弧,只能用多边形或折线近似描述,这是直接法最突出的缺点。

　　常用的基于最小逼近误差的轮廓逼近算法[20]和适合特征计算的多边形逼近方法等[21]是将分解算法应用于封闭的截面轮廓曲线,是用多边形来逼近轮廓曲线。

廓形曲线分段的间接法是利用测量数据点的特征参数来识别廓形曲线变化的特征点,常用的方法有曲率法和弦到曲线面积和法等。

2.3.2 曲率法

曲率法是通过曲线的曲率变化来识别曲线分段的特征点,是一种典型的间接法。这种算法的基本原理是:先计算出每一轮廓测量点 P_i 的近似曲率 k_i,然后将曲率绝对值大于设定阈值的局部极值点作为轮廓的角点,根据曲率计算区间,又有三点法和十一点法[27]。

1. 三点曲率法

二阶连续可导曲线的曲率公式如下:

$$K = \frac{|y''|}{(1 + y'^2)^{3/2}} \tag{2-7}$$

式中:K 为曲率;y' 为 y 的一阶导数;y'' 为 y 的二阶导数。

三点曲率法是根据曲率公式,用轮廓上相邻的三个点的差分代替微分得到近似曲率值,令轮廓数据点集 $P = \{P_i(x_i, y_i) \mid 1 \leqslant i \leqslant N\}$,相邻三个点分别记为 $P_{i-1}(x_{i-1}, y_{i-1})$、$P_i(x_i, y_i)$ 和 $P_{i+1}(x_{i+1}, y_{i+1})$,由差分代替微分,令

$$\begin{cases} y_i' = \dfrac{y_{i+1} - y_{i-1}}{x_{i+1} - x_{i-1}} \\[2mm] y_{i+1}' = \dfrac{y_{i+1} - y_i}{x_{i+1} - x_i} \\[2mm] y_{i-1}' = \dfrac{y_i - y_{i-1}}{x_i - x_{i-1}} \\[2mm] y_i'' = \dfrac{y_{i+1}' - y_{i-1}'}{x_{i+1} - x_{i-1}} \end{cases} \tag{2-8}$$

将式(2-8)带入式(2-7),可得三点曲率法的曲率计算公式:

$$K(i) = \frac{\dfrac{(y_{i+1} - y_i)(x_i - x_{i-1}) - (y_i - y_{i-1})(x_{i+1} - x_i)}{(x_{i+1} - x_i)(x_i - x_{i-1})(x_{i+1} - x_{i-1})}}{\left[1 + \left(\dfrac{y_{i+1} - y_{i-1}}{x_{i+1} - x_{i-1}}\right)^2\right]^{3/2}} \tag{2-9}$$

由式(2-9)计算出各个轮廓点的曲率后,再根据曲率变化提取轮廓特征

点。该方法计算简单,但轮廓数据带有干扰噪声时曲率也会产生相应的噪声,并由此产生伪极值点和伪角点;直接利用曲率进行轮廓分段方法的另一个缺点是无法得到轮廓曲线中的切点。图 2-16 所示为采用三点曲率法对采集到的带膛线的内孔截面数据进行处理的结果。图 2-16(a) 为部分原始离散轮廓数据;图 2-16(b) 为各轮廓数据点对应的曲率。可以看出,在轮廓的各个角点处曲率有极大值。

但是采用三点曲率法进行轮廓曲线上的特征点识别时,由于曲率计算的支撑区间小,导致曲率对噪声敏感,影响特征点识别的准确性。

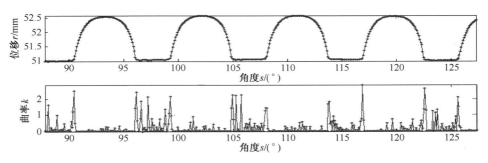

图 2-16　三点曲率法
(a)部分原始离散数据;(b)各轮廓数据点对应的曲率。

2. 多点曲率法

多点曲率法是基于三点曲率法,并针对其敏感原因而加以改进的,是在扩大的支撑区间内计算曲率,比普通的三点曲率法具有更强的抗噪性。令轮廓数据点集 $P = \{P_i(x_i, y_i) \mid 1 \leqslant i \leqslant N\}$,选取曲率计算区间为 $2n+1$,相邻的 $2n+1$ 个点分别记为 $P_{i-n}(x_{i-n}, y_{i-n})$,$\cdots$,$P_i(x_i, y_i)$,$\cdots$,$P_{i+n}(x_{i+n}, y_{i+n})$,由差分代替微分,令

$$\begin{cases} y_i' = \dfrac{y_{i+n} - y_{i-n}}{x_{i+n} - x_{i-n}} \\[2mm] y_{i+n}' = \dfrac{y_{i+n} - y_i}{x_{i+n} - x_i} \\[2mm] y_{i-n}' = \dfrac{y_i - y_{i-n}}{x_i - x_{i-n}} \\[2mm] y_i'' = \dfrac{y_{i+n}' - y_{i-n}'}{x_{i+n} - x_{i-n}} \end{cases} \qquad (2\text{-}10)$$

将式(2-10)带入式(2-7)，可得多点曲率法的曲率计算公式：

$$K(i) = \frac{\dfrac{(y_{i+n} - y_i)(x_i - x_{i-n}) - (y_i - y_{i-n})(x_{i+n} - x_i)}{(x_{i+n} - x_i)(x_i - x_{i-n})(x_{i+n} - x_{i-n})}}{\left[1 + \left(\dfrac{y_{i+n} - y_{i-n}}{x_{i+n} - x_{i-n}}\right)^2\right]^{3/2}} \qquad (2-11)$$

式(2-11)中，$n = 1$ 时即为三点曲率法。实际上，多点曲率法计算得到的并不是真正意义上的曲率，但在表达轮廓的几何特性方面，它与曲率有相同的行为。

图 2-17 所示为采用多点曲率法对采集到的带膛线的内孔截面数据进行处理的结果。图 2-17(a)为部分原始离散轮廓数据；图 2-17(b)~(d)依次为 $n = 5$、$n = 8$、$n = 11$ 时各轮廓数据点对应的曲率。显然，随着 n 的增大，多点曲率法对噪声的敏感性降低，具有更好的提取轮廓特征点的性能，但当 n 取值比较大时，一些轮廓曲率变化不明显的特征点，可能会被判为噪声而无法提取。因此曲率计算区间并非越大越好，需要根据实际轮廓情况和采集数据的疏密程度进行相应的调整。本例中 $n = 5$（即十一点曲率法）有较好的计算效果。但是十一点曲率法仍然只能识别角点，无法识别切点。

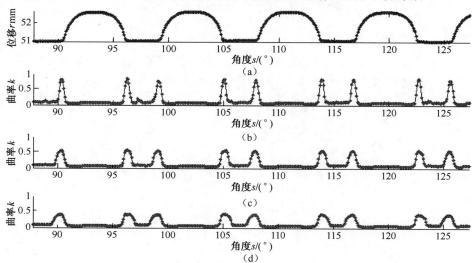

图 2-17 多点曲率法

(a)部分原始离散轮廓数据；(b)$n = 5$ 时各轮廓数据点对应的曲率；

(c)$n = 8$ 时各轮廓数据对应的曲率；(d)$n = 11$ 时各轮廓数据点对应的曲率。

2.3.3 弦到曲线的面积和法

当不同形状的轮廓曲线相交时,还可以利用曲线弯曲程度的变化识别轮廓特征点。将一条直线段和由选中的数据点构成的轮廓曲线相比较,轮廓曲线上任一点到直线的距离可以作为衡量轮廓曲线弯曲程度的量。但是仅选一个点易受噪声影响,无法提供稳定可靠的信息。为此,可以用轮廓段和直线构成的封闭区间的面积和作为衡量曲线变化的特征量来衡量该曲线的弯曲程度,这种方法称为弦到曲线的面积和方法。

设被测工件轮廓测量得到的离散数据点集合 $P = \{p_1, \cdots, p_i, \cdots, p_N\}$。该数据集合表示为一条数字平面曲线 f,如图 2-18 所示。L_i 是一条从点 p_i 到点 p_{i+L} 的直线段,间隔 L 为固定整数值。S_i 表示由直线段 L_i 和曲线 f 围成的封闭区域的面积,S_i 等于 L_i 与 x 轴($x \in (x_i, x_{i+L})$)所围成面积减去曲线 f 与 x 轴($x \in (x_i, x_{i+L})$)围成的面积。

当 k 从 i 移动到 $i+L$ 时,S_i 表示为

$$S(i) = \frac{1}{2}(y_{i+L} + y_i)(x_{i+L} - x_i) - \frac{1}{2}\sum_{k=i}^{i+L-1}(y_{k+1} + y_k)(x_{k+1} - x_k)$$

$$(2-12)$$

式中:x_i、y_i、x_{i+L}、y_{i+L}、x_k、y_k、x_{k+1}、y_{k+1} 为轮廓曲线上离散点的 x、y 坐标值。

弦到曲线的面积和函数 $S(i)$ 为反映曲线变化的一个特征量,能够较好地识别曲线的分段特征点。

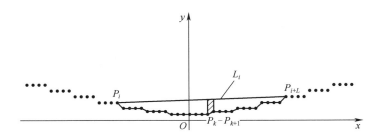

图 2-18　数字平面曲线面积和示意图

采用该方法对图 2-19 中不同连接方式的曲线段进行计算,计算结果如图 2-20 所示。

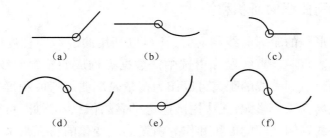

图 2-19　曲线段之间的连接方式

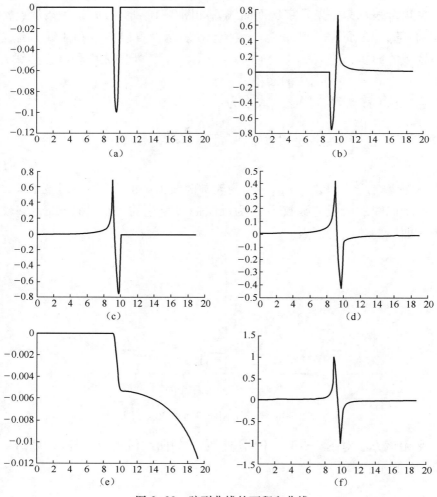

图 2-20　弦到曲线的面积和曲线

比较图 2-19 和图 2-20 可以看出：在直线和直线相交时，面积和曲线在角点附近产生一个单向脉冲；在直线和圆弧、圆弧和直线以及圆弧和圆弧相交的角点附近，面积和曲线产生一个双向脉冲；在圆弧和圆弧相切时，面积和曲线也产生一个双向脉冲。当直线和圆弧相切时，面积和曲线在特征点也有明显的变化。设定阈值 C_T，如果脉冲值大于规定的阈值，则该处必然是要选择的特征点。

图 2-21　液压阀芯

图 2-22 所示为采用弦到曲线面积累加和法对图 2-21 的液压阀芯外轮廓截面数据进行处理的结果。图 2-22(a) 为部分原始离散轮廓数据，图 2-22(b)、(c) 依次为 $L=20$、50 时计算出的弦到曲线面积和。显然，随着步长 L 的增大，参与计算的点数将增多，面积和曲线上脉冲值也越大，具有更好的提取轮廓特征点的性能，但当 L 取值比较大时，也可能导致局部的特征点被忽略。因此，也需要根据不同的工件进行调整。

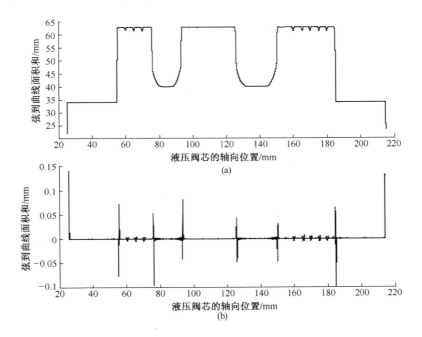

(a)

(b)

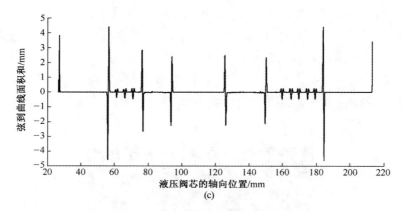

图 2-22　液压阀芯轮廓点的弦到曲线面积和

(a)部分原始离散轮廓数据;(b)L=20 时的弦到曲线面积和;(c)L=50 时的弦到曲线面积和。

上述轮廓分段方法各有特点,实际应用时可以选用一种或几种组合使用。依据特征点对轮廓进行分段后,还需要通过数据拟合等方法对不同段代表的轮廓参数进行计算。

2.4　内孔几何参数计算方法

火炮身管是复杂的内孔零件,其内孔几何参数种类覆盖面较广,本节以火炮身管为例,详细介绍内孔几何参数的计算方法。其他内孔零件的几何参数可对照进行计算。

根据火炮身管内孔有无膛线,火炮身管可以分成线膛身管和滑膛身管两种。线膛身管一般由药室、坡膛和线膛三部分组成,如图 2-23 所示。滑膛身管可以视为线膛身管的一个特例[28-29]。药室为身管内膛后部扩大部分,它的容积由内弹道设计决定,而结构形式主要决定于火炮的特性、弹药的结构和填装方式。药室的作用是保证发射火药燃烧的空间,并同药筒或紧塞具一起共同密封炮膛,药筒定装式药室结构如图 2-24(a)所示。

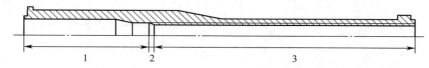

图 2-23　炮管内膛基本结构

1—药室部;2—坡膛;3—线膛部。

坡膛是药室与线膛部之间的过渡段,其主要作用是连接药室与线膛部,坡膛具有一定的锥度,锥度的大小与弹带的结构、材料和炮身的寿命等有关。为了减小坡膛的磨损,可采用由两段圆锥组成的坡膛,如图 2-24(b)所示。

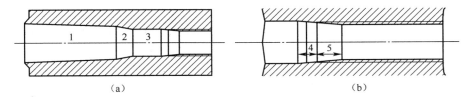

图 2-24　炮管药室基本结构

(a)药筒定装式药室结构;(b)两个锥段的坡膛结构。

1—药室本体;2—连接锥;3—圆柱部;4—第一锥段;5—第二锥段。

膛线是身管内表面上制造出的与身管轴线具有一定倾斜角度的螺旋槽,其主要作用是用于保证弹丸发射时的旋转速度,从而提高射击精度。图 2-25 所示为带膛线的身管内孔截面图,图中凸起的为阳线,凹进的为阴线(泛指膛线),d 为阳线直径(口径),d_1 为阴线直径,t_1 为阳线宽度,t_2 为阴线宽度,h 为膛线深度。深孔截面上膛线的数目叫作膛线的条数,用 n_L 表示,$n_L = \pi d / (t_1 + t_2)$。为了加工和测量的方便,一般将 n_L 做成 4 的倍数。

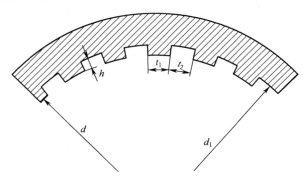

图 2-25　深孔各参数示意图

膛线对炮膛轴线的倾角叫作缠角,用符号 β 表示。膛线绕炮膛旋转一周,在轴向移动的长度(相当于螺纹的导程),用口径的倍数表示,称为膛线的缠度,用符号 ζ 表示。缠度和缠角的关系可以表示为

$$\tan\beta = \frac{\pi d}{\zeta d} = \frac{\pi}{\zeta} \qquad (2-13)$$

根据膛线对炮管轴线倾斜角度沿轴线变化规律的不同,膛线可以分为等齐膛线、渐速膛线和混合膛线。等齐膛线的缠角为一常数。若将炮膛展开成平面,则等齐膛线为一直线。等齐膛线广泛应用于弹丸初速度较大的火炮(如加农炮和高射炮),其优点是容易制造,缺点是弹丸在膛内运动时,起始阶段弹带作用在膛线导转侧的作用力较大,不利于身管寿命。渐速膛线的缠角为一变数,膛线起始部缠角很小(利于减小此部位的磨损),向炮口方向逐渐增大。若将炮膛展开成平面,渐速膛线为一曲线,常用的曲线方程有:二次抛物线($y = ax^2$)、半立方抛物线($y = ax^{3/2}$)和正弦曲线($y = a\sin bx$)等。减小起始部的缠角,可以改善该部位的受力情况,缓解该部位的磨损,缺点是炮口部膛线导转侧作用力大,膛线制造工艺复杂。混合膛线吸取了等齐膛线和渐速膛线的优点,在膛线起始部位采用渐速膛线,减小起始部的磨损;在确保弹丸旋转稳定性的前提下,在炮口采用等齐膛线,以减小炮口部膛线的作用力。

火炮身管内膛几何参数主要包括径向截面参数(包括口径、膛线深度、膛线宽度、膛线数)、轴向截面参数、螺旋几何参数(包括缠度、缠角)和药室容积等,各参数主要计算步骤如下:

第一步,利用分段结果分离阳线段和阴线段的数据;

第二步,分别对阴阳线段数据进行最小二乘法拟合圆,计算阳线圆和阴线圆半径;

第三步,阳线圆与阴线圆半径比对,计算膛线深度;

第四步,阳线圆与分段特征点结合,计算膛线宽度;

第五步,分段特征点与其相应截面轴向位置匹配,计算膛线缠角。

2.4.1 径截面参数计算原理

由图2-4(b)可知,身管内膛径向截面廓形实际存在两个同心圆,小圆表示阳线截面轮廓,大圆表示阴线截面轮廓,因此计算阴线直径及阳线直径前,首先分离阴线圆和阳线圆。通过上述轮廓分段方法,提取轮廓特征点集 $T = \{T_i(x_i, y_i) \mid 0 \leqslant i < 4n_L\}$, n_L 为膛线条数;根据特征点对采集数据进行分离,得到阳线圆上的点集 $P_A = \{P_{Ai}(x_i, y_i) \mid 0 \leqslant i < 2n_L\}$,阴线圆上的点集 $P_B = \{P_{Bi}(x_i, y_i) \mid 0 \leqslant i < 2n_L\}$ 。

设阳线圆上点集 P_A 内所有点同属于一个圆 C (阴线圆上的计算方法也类似),其圆心坐标和半径分别表示为 x 、 y 和 r ,由 x 、 y 和 r 构成一个空间

$\Gamma(\Gamma \in R^3)$，称其为圆参数空间。Γ 空间内任意一点的坐标值代表圆 C 的圆心坐标和半径，通常利用最小二乘法（又称最小平方法）计算 x、y 和 r。最小二乘法是通过最小化误差的平方和，即使所求数据与实际数据之间误差的平方和为最小的方法寻找数据的最优值的数学优化技术。利用最小二乘法计算身管内膛径向截面参数的任务是搜索最佳 $W_e \in \Gamma$，使得 W_e 点的坐标值为 C 的最佳圆心坐标及半径估计。

对于 P_A 中的第 i 个数据点 $P_{Ai}(x_i, y_i)$，定义其对于圆 C 的参数估计残差函数 $h_i(W)$ 为

$$h_{Ai}(W) = h_{Ai}(x, y, r) = r^2 - (x_i - x)^2 - (y_i - y)^2 \qquad (2-14)$$

对于参数估计 W，定义圆 C 的参数估计残差的平方和函数为

$$J = \sum_{i=0}^{m} h_{Ai}^2(W) \qquad (2-15)$$

根据最小二乘原理就是要求使 J 最小的 x、y 和 r，由函数极值的方法可知，使 J 取得最小值的参数 x、y 和 r 应满足条件：

$$\frac{\partial J}{\partial x} = \frac{\partial J}{\partial y} = \frac{\partial J}{\partial r} = 0 \qquad (2-16)$$

即

$$\begin{cases} \dfrac{\partial J}{\partial x} = -4 \sum_{i=1}^{n} [(x_i - x)^2 + (y_i - y)^2 - r^2](x_i - x) = 0 \\[3mm] \dfrac{\partial J}{\partial y} = -4 \sum_{i=1}^{n} [(x_i - x)^2 + (y_i - y)^2 - r^2](y_i - y) = 0 \\[3mm] \dfrac{\partial J}{\partial r} = -4 \sum_{i=1}^{n} [(x_i - x)^2 + (y_i - y)^2 - r^2]r = 0 \end{cases} \qquad (2-17)$$

整理上式，令

$$\begin{cases} p = n \sum_{i=1}^{n} x_i^2 - \left(\sum_{i=1}^{n} x_i\right)^2 \\[3mm] q = n \sum_{i=1}^{n} y_i^2 - \left(\sum_{i=1}^{n} y_i\right)^2 \\[3mm] s = n \sum_{i=1}^{n} x_i^3 + n \sum_{i=1}^{n} x_i y_i^2 - \sum_{i=1}^{n} (x_i^2 + y_i^2) \sum_{i=1}^{n} x_i \\[3mm] t = n \sum_{i=1}^{n} y_i^3 + n \sum_{i=1}^{n} x_i^2 y_i - \sum_{i=1}^{n} (x_i^2 + y_i^2) \sum_{i=1}^{n} y_i \\[3mm] u = n \sum_{i=1}^{n} x_i y_i - \sum_{i=1}^{n} x_i \sum_{i=1}^{n} y_i \end{cases} \qquad (2-18)$$

可解得

$$\begin{cases} x = \dfrac{sq - tu}{2(pq - u^2)} \\[3mm] y = \dfrac{tp - su}{2(pq - u^2)} \\[3mm] r = \dfrac{1}{n} \sum_{i=1}^{n} \sqrt{(x_i - x)^2 + (y_i - y)^2} \end{cases} \tag{2-19}$$

假设计算的阳线圆半径及阴线圆半径分别为 r_A、r_B，则根据图得到膛线深度为

$$h = (d - d_1)/2 = r_B - r_A \tag{2-20}$$

第 j 条膛线的阳线宽度 t_{j1} 和阴线宽度 t_{j2} 为

$$\begin{cases} t_{1j} = 2r_A \sin \dfrac{\theta_{j,1} - \theta_{j,0}}{2} \\[3mm] t_{2j} = 2r_A \sin \dfrac{\theta_{j,3} - \theta_{j,2}}{2} \end{cases}, \quad 1 \leq j \leq n_L \tag{2-21}$$

每条膛线上共有 4 个特征点，$\theta_{j,0}$、$\theta_{j,1}$、$\theta_{j,2}$ 和 $\theta_{j,3}$ 分别为第 j 条膛线上第一个阳线特征点、第二个阳线特征点、第一个阴线特征点和第二个阴线特征点。

2.4.2　轴截面参数计算原理

当结构光传感器沿身管轴向的采集密度足够小的时候，顺序连接不同径向截面轮廓曲线上相同方位角度的数据点，可以得到身管内腔的轴向剖面轮廓线。用 (x_i, y_i, φ) 表示轴向位置为 z_i 的第 i 个径向截面上方位角度为 φ 的点，该点到当前截面圆心的距离表示为 $\rho_i = \sqrt{x_i^2 + y_i^2}$，设径向截面个数为 n，则在 φ 角度的轴向剖面轮廓可以通过分析数据点集 $\{(z_i, \rho_i), (1 \leq i \leq n)\}$ 获得。图 2-26 描述了身管药室部的轴向剖面轮廓测量数据，药室部的轴向剖面是由几段直线或斜线组成的，这种轮廓特点适用于采用 Hough 变换方法计算剖面的线性特征参数[30]。Hough 变换是一种广泛应用的提取直线参数特征的方法，具有较强的自动执行及抗噪声干扰能力，在被测对象解析表达形式已知的条件下，可以得到较好的特征提取精度，下面详细介绍 Hough 变换的工作原理。

如图 2-27 所示，实际坐标空间内两点 $A(x_1, y_1)$、$B(x_2, y_2)$ 确定了一条

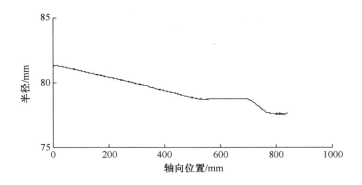

图 2-26　孔剖面测量的轮廓曲线

直线,所有过 A 点的直线为一直线簇,设其表达式为 $y_1 = kx_1 + q$,其中 k、q 为任意实参数。若以 k、q 为变量,则该直线簇在参数空间中表示为一直线,即 $q = -kx_1 + y_1$。同理,所有过 B 点的直线在参数空间中表示为 $q = -kx_2 + y_2$。参数空间内两条直线的交点定义了原坐标空间内连接 AB 两点的直线。

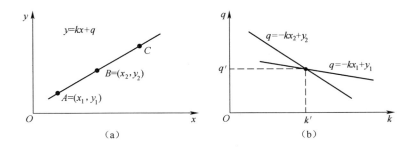

图 2-27　Hough 变换基本原理示意图

(a)实际坐标空间;(b)参数空间。

由上述分析可知,实际坐标空间上的一条直线对应参数空间上的一点,即实际坐标空间内一条直线上的任意点在参数空间内具有相同的映射对象。Hough 变换的基本思想是遍历实际坐标空间内的特征点,将所有经过该特征点的直线变换到参数空间上一点,则参数空间上出现概率最大点即表示了原坐标空间上存在可能性最大的直线。理论上,任意一个特征点所对应的参数空间为无穷大且是连续的,即 $-\infty < k < \infty$,$-\infty < q < \infty$,而实际中可以根据已知信息设定参数空间的上下限,并且根据精度要求对参数空间进行

离散化处理。设参数空间范围为 $k_L<k<k_H$，$q_L<q<q_H$，离散精度为 Δk，Δq，则重新计算后的参数空间可以用图 2-28 表示，参数空间尺寸为 $M\times N$，其中 $M=(q_H-q_L)/\Delta q$，$N=(k_H-k_L)/\Delta k$。对于图 2-28 中任意一点 (z_i,ρ_i) $(1\leqslant i\leqslant n)$，设经过该点的直线斜率为 k_n，对应的直线截距为 q_m。k_n 可能为 (k_L,k_H) 区间内的任意值，因此离散化后有 $k_n=k_L+n\Delta k$，其中 $0\leqslant n\leqslant N$；q_m 可能为 (q_L,q_H) 区间内的任意值，因此离散化后有 $q_m=q_L+m\Delta q$，其中 $0\leqslant m\leqslant M$。根据 (z_i,ρ_i) 及 k_n 值，可得

$$q_m=\rho_i-k_n z_i \tag{2-22}$$

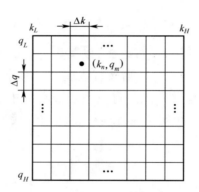

图 2-28　参数空间离散化表示

式（2-22）中，(k_n,q_m) 对应参数空间的一点，如图 2-28 所示。定义 $M\times N$ 的矩阵 $\boldsymbol{H}$，矩阵上第 (n,m) 个元素的值 $H(n,m)$ 表示 (k_n,q_m) 参数出现的次数，若原坐标空间中存在直线 $\rho=k_n z+q_m$，则 $H(n,m)$ 为 $\boldsymbol{H}$ 最大值。因此，通过搜索矩阵 $\boldsymbol{H}$ 的最大值可以得到原坐标空间上的直线参数。

通过上述分析可见，Hough 变换对噪声不敏感，在部分特征缺失或者存在非直线特征情况下，同样能较好地提取直线参数。另外，由于 Hough 变换在整个允许参数空间进行搜索，因此不需要对原始数据点进行分段处理，可以实现自动运算。

得到直线参数后，可以进一步计算构成直线特征的点集及由这些点形成的线性度。设 d_e 为设定的阈值，d_i 为 (z_i,ρ_i) 到直线 $\rho=k_n z+q_m$ 的距离。若 $d_i\leqslant d_e$，则 (z_i,ρ_i) 为直线 $\rho=k_n z+q_m$ 上的点，否则排除该点。若 (z_i,ρ_i) $(1\leqslant i\leqslant n_t)$ 为根据上述方法得到的直线 $\rho=k_n z+q_m$ 上的点，则可以通过相关性计算这些点的线性度，表示为

$$C_c = \frac{\sum\limits_{i=1}^{n_t} z_i \rho_i - n_t z_c \rho_c}{\sqrt{(\sum\limits_{i=1}^{n_t} z_i^2 - n_t z_c^2)(\sum\limits_{i=1}^{n_t} \rho_i^2 - n_t \rho_c^2)}} \tag{2-23}$$

式中：$z_c = \sum\limits_{i=1}^{n_t} z_i / n_t$；$\rho_c = \sum\limits_{i=1}^{n_t} \rho_i / n_t$。

通过上述方法可以自动计算剖面的直线特性，并对点集进行区域划分，分析这些点之间的线性关系。

2.4.3　螺旋线参数计算原理

内螺旋线结构是利用角度变化实现特定功能的孔腔内表面几何结构，如内斜齿轮、膛线及内螺旋导轨等。内孔螺旋线结构的三个基本要素是螺旋线、螺旋角及导程，螺旋线是孔腔内表面的工作曲线，螺旋线展开后同母线的夹角为螺旋角（缠角），用 β 表示，螺旋线与同一直母线相邻两个交点之间的距离为导程，用 η 表示。根据螺旋角度是否发生变化，有等齐螺旋线和非等齐螺旋线，其展开形式如图 2-29 所示，对应的膛线也有等齐膛线和非等齐膛线之分。

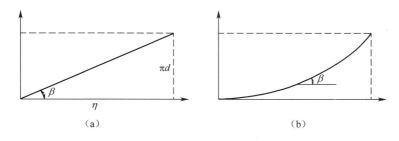

图 2-29　螺旋线展开曲线

(a)等齐螺旋线；(b)非等齐螺旋线。

图 2-30 所示为典型的膛线三维模型，$A \sim F$ 为不同轴向位置上的 6 个截面，各个截面之间相互平行，且同轴线垂直。根据膛线的特殊结构，$A \sim F$ 截面的形状相同，各个截面之间存在相对旋转角度。若以 A 为参考截面，设 $B \sim F$ 截面相对 A 的旋转角度为 $\phi_i (i = 1 \sim 5)$，$B \sim F$ 截面到 A 的轴向距离分别为 $l_i (i = 1 \sim 5)$，则根据 (l_i, ϕ_i) $(i = 1 \sim 5)$ 可以求得膛线的螺旋线参数。

首先分析等齐螺旋线（膛线）的计算方法，根据图 2-29 等齐螺旋线展开

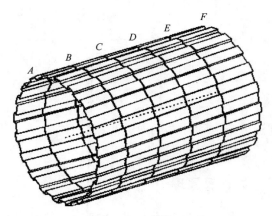

图 2-30　膛线模型

曲线的特性,可得

$$\tan\beta = \frac{R\phi_i}{l_i}, \ 1 \leqslant i \leqslant n \qquad (2-24)$$

式(2-23)中,R 为螺旋线所在圆柱半径,n 为截面个数。理论上,给定任意一组(l_i, ϕ_i)即可根据式(2-23)求出螺旋角,但是由于实际测量中各种不确定误差的影响,只根据一组数据求得的螺旋角存在较大的误差。为了提高测量精度,通常采用拟合法和相关法计算螺旋角,再根据式(2-24)计算导程:

$$\eta = \frac{2\pi R}{\tan\beta} \qquad (2-25)$$

1. 拟合法计算螺旋角

设测量头装置沿线轴线方向总共采集了 n 个径向截面数据,以第一个截面数据为参考,得到一组数据(l_i, ϕ_i),$1 \leqslant i < n$。由式(2-24)可知,等齐螺旋线的方程为一直线,因此可以通过最小二乘法拟合得到直线的斜率 k 作为 $\tan\beta$ 的计算结果。

$$\tan\beta = k = \frac{\sum\limits_{i=1}^{n} R\phi_i l_i}{\sum\limits_{i=1}^{n} l_i^{\ 2}} \qquad (2-26)$$

进一步可求得螺旋角 $\beta = \arctan k$,导程 $\eta = 2\pi R/\tan\beta$。

缠角及导程属于间接测量量,在只考虑轴向位移及旋转角度测量不确

定度的条件下,可以得到缠角测量不确定度计算公式为

$$u_\beta = \frac{1}{l^2 + R^2 \phi^2} \sqrt{l^2 R^2 u_\phi^2 + l^2 \phi^2 u_R^2 + R^2 \phi^2 u_l^2} \qquad (2-27)$$

由式(2-27)可知,缠角测量不确定度包括三个方面:半径测量不确定度 u_R,旋转角度测量不确定度 u_ϕ 及轴向测量不确定度 u_l。同理得到导程测量不确定度为

$$u_\eta = \frac{2\pi}{\phi} \sqrt{u_l^2 + \frac{l^2}{\phi^2} u_\phi^2} \qquad (2-28)$$

非等齐螺旋线的方程有二次抛物线($y = kx^2$)、半立方抛物线($y = kx^{3/2}$)和正弦曲线($y = k\sin bx$)等不同形式。若已知螺旋线展开曲线上一组数据 (l_i, ϕ_i),$1 \le i < n$,同样可以通过数据拟合得到方程参数,从而求得螺旋角和导程。螺旋线展开后为一般二次曲线形式,表示为 $y = k_2 x^2 + k_1 x + k_0$,则根据数据 (l_i, ϕ_i),$1 \le i < n$ 得到的线性方程组:

$$\begin{cases} nk_0 + k_1 \sum\limits_{i=1}^{n} l_i + k_2 \sum\limits_{i=1}^{n} l_i^2 = \sum\limits_{i=1}^{n} R\phi_i \\ k_0 \sum\limits_{i=1}^{n} l_i + k_1 \sum\limits_{i=1}^{n} l_i^2 + k_2 \sum\limits_{i=1}^{n} l_i^3 = \sum\limits_{i=1}^{n} R\phi_i l_i \\ k_0 \sum\limits_{i=1}^{n} l_i^2 + k_1 \sum\limits_{i=1}^{n} l_i^3 + k_2 \sum\limits_{i=1}^{n} l_i^4 = \sum\limits_{i=1}^{n} R\phi_i l_i^2 \end{cases} \qquad (2-29)$$

式(2-28)中,三个未知数,三个方程即可求得方程参数 k_2、k_1、k_0。根据螺旋角定义有

$$\beta = \arctan(2k_2 l + k_1) \qquad (2-30)$$

式中:l 为以螺旋线起始点为原点的轴向位移。

同理得导程表达式为

$$\eta = \frac{-2k_2 l - k_1 \pm \sqrt{(2k_2 l + k_1)^2 + 4k_2 \pi R}}{2k_2} \qquad (2-31)$$

式(2-30)中,根据实际情况取正号或负号。式(2-29)、式(2-30)表明,非等齐螺旋线中,螺旋角 β 和 η 为轴向位移的函数,即在不同的轴向位置有不同的螺旋角和导程。虽然非等齐螺旋线同等齐螺旋线具有不同的表达式,但是两者在微小变化区间 Δl 内的特征是一致的,因此,对于非等齐螺旋线螺旋角及导程的不确定度,同样可以采用式(2-26)、式(2-27)进行

分析。

混合螺旋线是等齐螺旋线和非等齐螺旋线的混合曲线,针对混合螺旋线方程的求解,可以通过两种方法:一是对数据进行分段拟合,二是采用高次多项式进行整体拟合。

2. 相关法计算螺旋角

图 2-31(a)、(b)分别表示膛线模型中的参考截面和第 i 个截面的轮廓,可见不同轴向位置上的截面形状相似,不同截面之间存在一个旋转角度,因此可以采用相关算法计算两个截面的旋转角度。选择参考截面中某条膛线(图中用粗实线表示)特征点的角度值为基准角度值 θ_0,根据 θ_0、炮管半径 R、第 i 个截面相对基准截面的轴向距离 l_i 及估计的膛线缠角 β_g,可计算出第 i 个截面相对基准截面的旋转角度估计值 $\phi_{gi} = \dfrac{l_i \tan\beta_g}{R}$,则在第 i 个截面的同一膛线对应的特征点角度 θ_i 必在 $\theta_0 + \phi_{gi}$ 附近的一个邻域内,假设邻域范围为 $\pm 1°$(若 l_i 较大,邻域范围可以适当放大),在 $\theta_0 + \phi_{gi} \pm 1°$ 范围内,利用相关法计算参考截面和第 i 个截面相关系数,相关系数值为最大值时对应的角度就是该膛线对应特征点的角度位置 θ_i,此时,第 i 个截面相对于参考截面的旋转角度 $\phi_i = \theta_i - \theta_0$。获得所有截面相对于参考截面的 (l_i, ϕ_i) 后,可以利用式(2-25)计算出螺旋线的螺旋角。

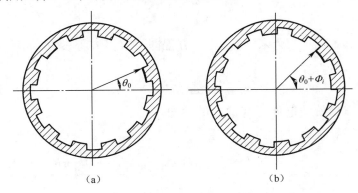

（a）　　　　　　　　　　　（b）

图 2-31　膛线模型中的参考截面和任意其他截面

(a)参考截面轮廓;(b)第 i 个截面轮廓。

2.4.4　容积计算原理

在现有技术中,测量孔腔的容积,特别是近似于圆柱状或圆台状的孔,通常是测量孔两端的直径和孔的长度,之后利用几何公式计算得出。但这只适用于规则孔的容积的测量,在测量不规则孔的容积(如火炮身管药室容积)时,目前采用的有分段机械塞规法和注水法,但均存在精度难以保证且易受条件限制的问题。

图 2-32 所示为火炮身管药室部的轴截面,药室内包含若干个柱面和锥面,相邻的柱面和锥面之间、锥面和锥面之间存在拐点,如图上 B、C、D 点,药室容积指的是 A 点至 D 点之间的容积。设点 A 为药室起点,D 为药室终点,D 也是火炮身管轴截面上的一个拐点,在火炮身管的使用过程中,D 点位置会因为磨损等原因而改变。利用现有的机械塞规的方法难以确定 D 点的位置,针对这种情况,本书提出以"电子塞规"确定孔腔终点位置的方法。

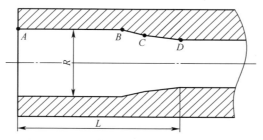

图 2-32 火炮身管药室部的轴截面示意图

基于点结构光的内孔几何参数测量系统将测量的药室部分的直径数据和轴向位置数据组合起来,就得到了药室的实际轴截面轮廓数据。将药室轴截面轮廓的设计数据作为"电子塞规",并与实际轴截面轮廓数据作相关计算处理,可以确定药室终点 D 的位置,再通过积分计算出 A 点到 D 点之间的孔腔容积就是药室部的容积。

电子塞规是实际孔的数字化表达,可以根据孔设计图纸直接得到,主要用于确定孔的终点位置。由图 2-32 可知,孔的轴向剖面可由多段直线表达。在创建电子塞规时输入各段直线的起点和终点坐标 (x_i, y_i),可求得电子塞规的数学方程 $y = f(x)$,其中 x 代表轴向位置,y 代表与轴向位置对应的孔截面半径;通过离散化处理得到合理采样密度的数据 (x_i, y_i),其中 $(i = 1, 2, \cdots, n)$。根据孔的剖面特征,AB 部分斜率为零,可以采用较小的采样密度,BCD 部分斜率较大,可以采用较大的采样密度,这样建立起的电子塞规在后续的处理中不仅可以提高测量速度,还能保证测量精度。测量完成后,导入孔的电子塞规数据,调出测量数据 (l_i, R_i),将电子塞规数据与测量数据作相关性计算,变动电子塞规的轴向位置,获得最高相关系数时,电子塞规的端点位置作为孔的终点。若电子塞规的采样数据 (x_i, y_i) 与系统的测量数据 (l_i, R_i) 在相对于测量零点的轴向位置上不是一一对应的,需要先对采样数据 (x_i, y_i) 进行线性插值,再进行相关计算,假设 $x_i < l_i < x_{i+1}$,则

$$\begin{cases} x_i' = l_i \\ y_i' = \dfrac{(y_{i+1} - y_i)(l_i - x_i)}{x_{i+1} - x_i} + y_i \end{cases} \qquad (2-32)$$

对 (l_i, R_i) 和插值后的 (x_i', y_i') 做相关性计算:

$$a = \frac{\sum\limits_{i=1}^{n} (R_i - y_i')^2}{n} \qquad (2-33)$$

当 a 值为最小时,认为电子塞规的端点作为孔的终点。只选择接近孔尾部折线部分的测量数据与电子塞规做相关性处理,可以进一步节省处理时间。

对孔起始点和终点之间的所有测量数据,包括每个截面的半径和对应的轴向位置,利用分段积分的方法进行精确计算,即可得到孔腔容积,算法为

$$V = \sum_{i=1}^{n} \frac{\pi(L_{i+1} - L_i)(R_{i+1}^2 + R_{i+1}R_i + R_i^2)}{3} \qquad (2-34)$$

参 考 文 献

[1] 王晓嘉,高隽,王磊. 激光三角法综述[J]. 仪器仪表科学,2004,25(4):602-603.

[2] 刘红轩,曲兴华,邢书剑,等. 基于激光三角法的大内径测量系统[J]. 计算机测量与控制,2011,19(3):506-508.

[3] 万瑾. 激光三角法测量的研究[J]. 三明学院学报,2006,123(4):361-364.

[4] 孔国杰. 火炮身管内腔状态参数自动采集系统研究[M]. 测试技术学报,2010(8):1.

[5] 简献忠,张会林,王朝立,等. 等角度与等时间采集控制技术在扫描成像系统中的应用研[J]. 量子电子学报,2005,22(3):468-472.

[6] 郑存红,胡荣强,赵瑞峰. 用 Visual C++ 实现实时数据采集[J]. 计算机应用研究,2002,19(4):103-108.

[7] 周晓锋,史海波,尚文利. 变速箱故障诊断中的同步数据采集技术研究[J]. 计算机工程与应用,

2010,46(9):16-18.

[8] 王文武,王诚. 多媒体定时器的定制和使用方法[J]. 计算机应用,2000,120(3):39-41.

[9] PCI-8124 4 Channel Encoder Compare and Trigger Board User's Manual. ADLINK Technology Inc.

[10] 陈月林,王平江,朱建新,等. 基于曲率的轮廓精确分段技术[J]. 华中理工大学学报,1995,23(6):20-23.

[11] 胡魁贤, 严宏志, 朱自冰, 等. 截面轮廓曲线分段约束拟合 [J]. 计算机工程与科学, 2009, 31(7): 53-57.

[12] 郑军, 刘正文, 马兆瑞, 等. 基于最小误差逼近的轮廓特征点提取 [J]. 清华大学学报(自然科学版), 2008, 48(2): 165-168.

[13] Wu Q M, Rodd M G. Boundary segmentation and parameter estimation for industrial inspection [J]. IEE Proceedings E (Computers and Digital Techniques), 1990, 137(4): 319-327.

[14] Kazuhide S, Fumiaki T. Boundary segmentation by detection of corner, inflection and transition points; proceedings of the Proceeding IEEE Workshop on Visualization and Machine Vision F, 1994 [C]. IEEE.

[15] Sheu H T, Hu W C. A rotationally invariant two-phase scheme for corner detection[J]. Pattern Recoonition, 1996, 29(5): 819-828.

[16] 顾步云, 周来水, 李涛. 一种新的截面轮廓特征点识别与分段曲线类型判别算法 [J]. 机械科学与技术, 2007, 26(11): 1398-1402.

[17] Asada H, Brady M. The curvature primal sketch [J]. IEEE Transactions on Pattern Analysis and Machine Intelligence, 1986, PAMI-8(1): 2-13.

[18] Sheu H T, Hu W C. Multiprimitive segmentation of planar curves DA two-level breakpoint classification and tuning approach [J]. IEEE Transactions on Pattern Analysis and Machine Intelligence, 1999, 21(8): 791-797.

[19] Han J H, Poston T. Chord-to-point distance accumulation and planar curvature: a new approach to discrete curvature [J]. Pattern Recognition Letters, 2001, 22(10): 1133-1144.

[20] 王展, 皇甫堪, 万建伟, 等. 基于多尺度小波变换的二维图像角点检测技术 [J]. 国防科技大学学报, 1999, 21(2): 46-49.

[21] 郑军, 刘正文, 马兆瑞, 等. 基于最小误差逼近的轮廓特征点提取 [J]. 清华大学学报(自然科学版), 2008, 48(2): 165-168.

[22] 吴中海, 张行功, 叶澄清. 一个适合于特征计算的多边形逼近算法 [J]. 计算机学报, 1997, 20(12): 1129-1132.

[23] 刘睿, 王锋, 陈卫东, 等. 基于小波变换多尺度 Harris 角点检测算法 [J]. 微计算机信息, 2009, 25(6-3): 244-296.

[24] 王付新, 黄毓瑜, 偲孟, 等. 三维重建中特征点提取算法的研究与实现 [J]. 工程图学学报, 2007, (3): 91-96.

[25] Chau C P, Siu W. New dominant point detection for image recognition [M]. Proceedings of the 1999 IEEE International Symposium on Circuits and Systems, 1999: 102-105.

[26] Mokhtarian F, Mackworth A. Scale-Based Description and Recognition of Planar Curves and Two-Dimensional Shapes [J]. IEEE Transactions on Pattern Analysis and Machine Intelligence, 1986, PAMI-8(1):

34-43.

[27] 王英惠，吴维勇，赵汝嘉 . 平面轮廓的分段与识别技术［J］. 计算机辅助设计与图形学学报，2002，14(12)：1142-1145.

[28] 拉尔曼 . 火炮设计与制造［M］. 北京：国防工业出版社，1958.

[29] 张相炎 . 火炮设计理论［M］. 北京：北京理工大学出版社，2005.

[30] 陈洪波 . Hough 变换及改进算法与线段检测［D］. 桂林：广西师范大学，2004.

第3章 内孔几何参数的线结构光测量原理

线结构光测量系统具有结构简单,图像处理方便,测量效率高的优点。本章介绍了基于环形线结构光和弧形线结构光测量原理的复杂深孔内轮廓几何参数三维测量方法。该方法采用激光器投射环形或弧形激光光条到深孔内表面,由 CCD 相机获取深孔内表面的环形或弧形光条,通过对光条图像进行处理得到深孔截面轮廓。

3.1 一般线结构光的几何参数测量模型

图 3-1 所示为线结构光三维测量系统的一般结构,主要包括结构光光源和 CCD 相机。结构光光源向被测物体表面投射一定形状的结构光光束,并在被测物体表面产生了相贯线(因此,这种结构光叫作线结构光,所对应的系统就叫作线结构光测量系统),相贯线上的点同时也在 CCD 相机的相平面上成像,根据物像关系和系统固有参数,可以由像点坐标计算出相贯线上各个点的空间位置。如假设 P 点为相贯线上的一个点,其在 CCD 相平面的像点为 P_i,根据 P_i 在相平面上的位置和各个部件固定的位置关系,可以建立数学模型,计算出 P 点的空间位置。当结构光测量系统沿被测物体表面进行扫描时,可以得到其他相贯线的空间位置,综合一系列相贯线的空间位置可以得到被测物体表面形状的三维轮廓信息。

一般来说,结构光光源、被测物体与相机间的位置具有任意性,而且结构光光源可以是任意曲面,但这样的系统模型较复杂,实际使用时需要通过标定[1-15]确定大量参数,包括相机内、外参数及光源曲面方程等,参数的标定精度对系统性能影响较大,在一定程度上影响了系统的实用性。当被测物体具有特定形状时,可以利用物体自身的结构特点对结构光光源、被测物体与 CCD 相机的位置关系和光源形式进行约束,以简化系统数学模型。本章介绍的基于环形线结构光和弧形线结构光测量原理的复杂深孔内轮廓几

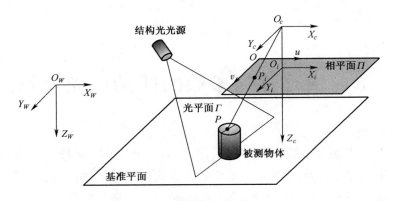

图 3-1　线结构光三维测量原理

何参数三维测量系统,就是建立了特定约束关系的线结构光测量系统。

3.1.1　理想测量模型

线结构光三维测量系统的数学模型主要分为两个部分:相机成像数学模型与线结构光数学模型。

1. 相机成像数学模型

为了确定被测物体的空间位置,建立图 3-1 所示的坐标系。O_w-$X_w Y_w Z_w$ 为全局坐标系,根据需要设定;O_c-$X_c Y_c Z_c$ 为相机坐标系,坐标原点 O_c 与相机的镜头光心重合,$O_c Z_c$ 为相机成像透镜的光轴轴线;O_i-$X_i Y_i$ 为相平面坐标系,O_i 点表示 CCD 相平面 Π 光学中心,为了分析方便,$O_i X_i$ 平行于 $O_c X_c$,$O_i Y_i$ 平行于 $O_c Y_c$,相平面与 $O_c Z_c$ 垂直。O-uv 为像素坐标系,坐标原点位于图像角点 O,O-uv 坐标系与 O_i-$X_i Y_i$ 坐标系在同一个平面上。

设 P 点在全局坐标系 O_w-$X_w Y_w Z_w$ 下坐标为 $(x_w, y_w, z_w)^T$,在相机坐标系 O_c-$X_c Y_c Z_c$ 下的坐标表示为 $(x_c, y_c, z_c)^T$,记 $\mathbf{0}^T = (0,0,0)$,则有

$$\begin{bmatrix} x_c \\ y_c \\ z_c \\ 1 \end{bmatrix} = \begin{bmatrix} \boldsymbol{R} & \boldsymbol{T} \\ \mathbf{0}^T & 1 \end{bmatrix} \begin{bmatrix} x_w \\ y_w \\ z_w \\ 1 \end{bmatrix} \tag{3-1}$$

式中:$R = \begin{bmatrix} r_{11} & r_{12} & r_{13} \\ r_{21} & r_{22} & r_{23} \\ r_{31} & r_{32} & r_{32} \end{bmatrix}$ 表示 O_w-$X_w Y_w Z_w$ 坐标系与 O_c-$X_c Y_c Z_c$ 坐标系

之间的旋转变换关系；$\boldsymbol{T} = (T_x, T_y, T_z)^{\mathrm{T}}$ 表示 $O_w - X_w Y_w Z_w$ 坐标系与 $O_c - X_c Y_c Z_c$ 坐标系之间的平移变换关系。

如果 P 点的像点 P_i 在相平面坐标系 $O_i - X_i Y_i$ 表示为 $(x_i, y_i)^{\mathrm{T}}$，在像素坐标系 $O - uv$ 表示为 $(u, v)^{\mathrm{T}}$，根据针孔成像模型有

$$\lambda \cdot \begin{bmatrix} x_i \\ y_i \\ 1 \end{bmatrix} = \begin{bmatrix} f_x & 0 & 0 & 0 \\ 0 & f_y & 0 & 0 \\ 0 & 0 & 1 & 0 \end{bmatrix} \cdot \begin{bmatrix} x_c \\ y_c \\ z_c \\ 1 \end{bmatrix} \tag{3-2}$$

$$\begin{bmatrix} u \\ v \\ 1 \end{bmatrix} = \begin{bmatrix} 1/d_x & 0 & u_0 \\ 0 & 1/d_y & v_0 \\ 0 & 0 & 1 \end{bmatrix} \cdot \begin{bmatrix} x_i \\ y_i \\ 1 \end{bmatrix} \tag{3-3}$$

式中：f_x、f_y 为相机镜头在 x_c 和 y_c 向的有效焦距，通常认为 $f_x = f_y = f$；λ 为成像系统物距，$\lambda = Z_c$；d_x、d_y 分别为 CCD 相机单个像素在 u 向与 v 向尺寸大小（μm），通常取 $d_x = d_y$。

结合式（3-1）~式（3-3），有

$$\lambda \cdot \begin{bmatrix} u \\ v \\ 1 \end{bmatrix} = \boldsymbol{A} \cdot \begin{bmatrix} \boldsymbol{R} & \boldsymbol{T} \\ 0 & 1 \end{bmatrix} \cdot \begin{bmatrix} x_w \\ y_w \\ z_w \\ 1 \end{bmatrix} \tag{3-4}$$

式中：$\boldsymbol{A} = \begin{bmatrix} f_x/d_x & 0 & u_0 & 0 \\ 0 & f_y/d_y & v_0 & 0 \\ 0 & 0 & 1 & 0 \end{bmatrix} = \begin{bmatrix} \alpha_x & 0 & u_0 & 0 \\ 0 & \alpha_y & v_0 & 0 \\ 0 & 0 & 1 & 0 \end{bmatrix}$，表征相机内部参数；

$\begin{bmatrix} \boldsymbol{R} & \boldsymbol{T} \\ 0 & 1 \end{bmatrix}$ 表征相机外部参数，$\boldsymbol{M} = \boldsymbol{A} \begin{bmatrix} \boldsymbol{R} & \boldsymbol{T} \\ 0 & 1 \end{bmatrix}$ 称为投影矩阵，投影矩阵中的参数需要通过相机标定来确定其值。

式（3-4）表示 P 点在 Π 上像点 P_i 的像素坐标 $(u, v)^{\mathrm{T}}$ 与 P 点在全局坐标系的坐标 $(x_w, y_w, z_w)^{\mathrm{T}}$ 之间的关系，矩阵 $\boldsymbol{A}$ 中含有 f_x、f_y、d_x、d_y、u_0 和 v_0 共 6 个参数，矩阵 $\boldsymbol{R}$ 中，含有 $r_{ij}(i = 1, 2, 3, j = 1, 2, 3)$ 总计 9 个参数，但只有 3 个是独立的；向量 $\boldsymbol{T}$ 中，含有 $T_i(i = 1, 2, 3)$ 总计 3 个参数，$\boldsymbol{R}$ 与 $\boldsymbol{T}$ 中共有 6 个参数为相机外部参数。通过标定获取这 12 个参数的值后，式（3-4）便确定了一

条经过像点 P_i 与相机镜头光心 O_c 点的直线方程,被测物体上的点 P 位于该直线上。

2. 线结构光数学模型

由于 P 是相贯线上的点,它同时也位于光束曲面上,图 3-1 中的光束曲面为光平面 Γ,产生的相贯线为开放的平面直线或曲线,Γ 在全局坐标系 $O_w\text{-}X_wY_wZ_w$ 下可以表示为

$$Bx_w + Cy_w + Dz_w = -1, \quad B,C,D \neq 0 \tag{3-5}$$

式中:B、C、D 为光平面参量,也需要通过标定确定。

经过图像处理技术获取 P_i 点的像素坐标值 $(u,v)^\mathrm{T}$ 后,可以联立求解式 (3-4) 的 O_cP_i 直线方程与式 (3-5) 的光平面方程,求出点 P 的世界坐标 $(x_w,y_w,z_w)^\mathrm{T}$。

不同形式的结构光系统,数学模型不同,系统的标定过程和方法也不相同。若结构光的空间形式为一光锥曲面或圆柱面,在被测物体上形成的相贯线是一封闭的环形,这种线结构光叫作环形线结构光,主要用于测量内孔几何参数。图 3-2 中的结构光光源为一光锥曲面,为分析方便,图中建立环形线结构光坐标系 $O_L\text{-}X_LY_LZ_L$,其他坐标系的设定与图 3-1 相同。

光锥曲面为理想圆锥面时可表示为

$$\frac{x_L^2}{a^2} + \frac{y_L^2}{a^2} - \frac{z_L^2}{c^2} = 0 \tag{3-6}$$

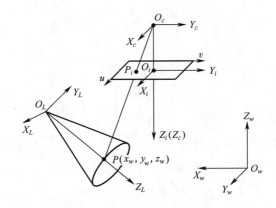

图 3-2 环形线结构光三维测量原理

环形线结构光坐标系 $O_L - X_LY_LZ_L$ 与全局坐标系 $O_w - X_wY_wZ_w$ 间关系为

$$\begin{bmatrix} x_L \\ y_L \\ z_L \\ 1 \end{bmatrix} = \begin{bmatrix} \boldsymbol{R}_L & \boldsymbol{T}_L^{\mathrm{T}} \\ \boldsymbol{0}^{\mathrm{T}} & 1 \end{bmatrix} \begin{bmatrix} x_w \\ y_w \\ z_w \\ 1 \end{bmatrix} \tag{3-7}$$

式中：$\boldsymbol{R}_L$ 为 3×3 矩阵，表征 $O_w - X_w Y_w Z_w$ 与 $O_L - X_L Y_L Z_L$ 坐标系旋转变换关系；$\boldsymbol{T}_L$ 为 1×3 矩阵，表征 $O_w - X_w Y_w Z_w$ 与 $O_L - X_L Y_L Z_L$ 坐标系平移变换关系；$\boldsymbol{0}^{\mathrm{T}} = (0,0,0)$。

式(3-6)与式(3-7)在全局坐标系下定义了光锥曲面方程。经过图像处理技术获取 P_i 点的像素坐标值 $(u,v)^{\mathrm{T}}$ 后，可以联立式(3-4)的 $O_c P_i$ 直线方程与上述光锥曲面方程，求出点 P 的世界坐标 $(x_w, y_w, z_w)^{\mathrm{T}}$。

3.1.2 相机镜头畸变模型

在结构光图像法三维测量中，相机与镜头共同完成图像采集任务。相机获取图像的过程与人眼观察物体的过程相类似，镜头相当于人的眼睛，其主要作用是将被测表面的光学图像聚焦在图像传感器的光敏面阵上，然后将光学图像转变成数字信号，由于系统辅以结构光，所以二维图像中蕴含着被测表面的三维信息，所有图像信息均通过相机镜头得到。

图像质量与很多因素有关，如物距、焦距、镜头、环境等，其中最主要的影响因素是相机镜头。由于相机镜头在设计及安装上的误差，使其实际成像过程中存在畸变，表现为物点在相机成像面上所成的像同理想像点之间存在偏移：

$$\begin{cases} u' = u + \delta_u(u,v) \\ v' = v + \delta_v(u,v) \end{cases} \tag{3-8}$$

式中：(u,v) 为理想像点坐标；(u',v') 为畸变后的实际像点坐标。

由式(3-8)可知，在行方向及列方向上的畸变量同像素点位置有关。为了对畸变进行校正，需要分析畸变的影响因素及建立有效的数学模型[9]。

通常，相机镜头成像畸变包括径向畸变、偏轴畸变和薄棱镜畸变[16]。第一类畸变由镜头自身的形状误差引起，仅表现为在径向方向的偏移；第二类及第三类畸变由镜头同相机的安装误差引起，不仅存在径向方向的偏移，同时存在切向方向的偏移。像点的径向及切向偏移模型如图 3-3 所示。

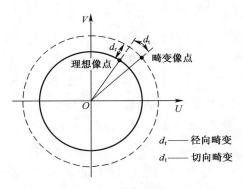

图 3-3　相机成像畸变模型

1. 径向畸变

径向畸变表现为理想成像点沿着以主点为圆心的径向方向向内或向外偏移,其主要影响因素为镜头曲线的径向曲率误差。正向(向外)畸变称为枕形畸变,负向(向内)畸变称为桶形畸变,如图 3-4 所示。径向畸变产生的偏移量可以表示为

$$\begin{cases} \delta_{ur} = k_1 u(u^2 + v^2) + O[(u,v)^5] \\ \delta_{vr} = k_1 v(u^2 + v^2) + O[(u,v)^5] \end{cases} \tag{3-9}$$

式中:δ_{ur}、δ_{vr} 分别为 u 及 v 向的偏移量;k_1 为一阶径向畸变系数。

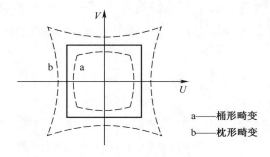

图 3-4　径向畸变模型

2. 偏轴畸变

由于无法保证各个光学元器件严格同轴,实际的光学系统中都存在不同程度的偏轴畸变。偏轴畸变不仅产生径向偏移,同时产生切向偏移。偏轴畸变产生的偏移量可以表示为

$$\begin{cases} \delta_{ud} = p_1(3u^2 + v^2) + 2p_2uv + O[(u,v)^4] \\ \delta_{vd} = 2p_1uv + p_2(u^2 + 3v^2) + O[(u,v)^4] \end{cases} \quad (3-10)$$

式中：δ_{ud}、δ_{vd} 分别为 u 及 v 向的偏移量；p_1、p_2 为偏轴畸变系数。

3. 薄棱镜畸变

薄棱镜畸变是由镜头的设计、制造及安装误差引起的，如镜头同相机成像面存在一个很小的倾角。这类畸变相当于在光学系统中附加了一个薄棱镜，不仅会引起径向偏移，同时会引起切向偏移，薄棱镜畸变产生的偏移量可以表示为

$$\begin{cases} \delta_{up} = s_1(u^2 + v^2) + O[(u,v)^4] \\ \delta_{vp} = s_2(u^2 + v^2) + O[(u,v)^4] \end{cases} \quad (3-11)$$

式中：δ_{up}、δ_{vp} 分别为 u、v 向的偏移量；s_1、s_2 为薄棱镜畸变系数。一般情况下，薄棱镜畸变较小，在图像边缘处的误差相对较大。

联立式(3-9)~式(3-11)并消去高阶部分，得到完整的相机畸变数学模型：

$$\begin{cases} \delta_u(u,v) = (g_1 + g_3)u^2 + g_4uv + g_1v^2 + k_1u(u^2 + v^2) \\ \delta_v(u,v) = g_2u^2 + g_3uv + (g_2 + g_4)v^2 + k_1v(u^2 + v^2) \end{cases} \quad (3-12)$$

在实际应用当中，可以根据不同的情况适当地对该数学模型进行简化，考虑镜头畸变后：

$$\begin{bmatrix} u' \\ v' \\ 1 \end{bmatrix} = \begin{bmatrix} 1 & 0 & \delta_u(u,v) \\ 0 & 1 & \delta_v(u,v) \\ 0 & 0 & 1 \end{bmatrix} \cdot \begin{bmatrix} u \\ v \\ 1 \end{bmatrix} \quad (3-13)$$

3.1.3　相机参数标定方法

相机参数标定是视觉测量领域从二维图像提取三维空间信息必不可少的关键一步。图像上的点与空间物体表面相应点的几何位置关系由成像系统的数学模型决定。由 3.1.1 节可知，线结构光三维测量的数学模型主要分为两个部分：相机成像数学模型与线结构光数学模型。涉及的传感器固有参数包括相机内、外部参数(式(3-4))和结构光曲面参数(式(3-7))，相机内部参数表征了相机的部分性能，包括主点坐标、焦距、像元尺寸及畸变系数等；相机外部参数表征相机相对全局坐标系的位置及姿态，数学上表示

为一个旋转矩阵和一个平移向量,当对相机实施同轴性约束后,旋转矩阵简化为单位矩阵;结构光曲面参数表征结构光发生器相对全局坐标系的位置及姿态,数学上也表示为一个旋转矩阵和一个平移向量,当对环形线结构光发生器实施同轴性约束后,旋转矩阵也简化为单位矩阵。由于实际制造及装配等误差因素的影响,需要通过标定确定传感器的相关特性参数,然后才可由 CCD 相机获得的被测点二维像素坐标,计算得到其对应实际空间点的三维坐标。相机固有参数的标定方法同结构光曲面参数的标定方法类似,本书重点介绍相机固有参数的标定方法,读者可自行推导结构光曲面参数的标定方法。

CCD 相机标定的基本方法是在一定的相机模型下,对形状、尺寸已知的标定参照物拍照,经过对其图像进行处理,利用一系列数学变换和计算方法,求取相机模型的内部参数和外部参数[1-15]。

根据求解式(3-4)中相机参数方法的不同,相机标定方法可以分成直接线性转换方法和非线性优化方法。

1. 直接线性变换标定方法

记投影矩阵 $M = A\begin{bmatrix} R & T \\ 0 & 1 \end{bmatrix} = \begin{bmatrix} m_{11} & m_{12} & m_{13} & m_{14} \\ m_{21} & m_{22} & m_{23} & m_{24} \\ m_{31} & m_{32} & m_{33} & m_{34} \end{bmatrix}$,得:$\lambda\begin{bmatrix} u \\ v \\ 1 \end{bmatrix} =$

$M\begin{bmatrix} x_w \\ y_w \\ z_w \\ 1 \end{bmatrix}$。消去 λ 后,得

$$\begin{cases} u = \dfrac{m_{11}x_w + m_{12}y_w + m_{13}z_w + m_{14}}{m_{31}x_w + m_{32}y_w + m_{33}z_w + m_{34}} \\ v = \dfrac{m_{21}x_w + m_{22}y_w + m_{23}z_w + m_{24}}{m_{31}x_w + m_{32}y_w + m_{33}z_w + m_{34}} \end{cases}$$

$$\Rightarrow \begin{cases} x_w m_{11} + y_w m_{12} + z_w m_{13} + m_{14} - x_w u m_{31} - y_w u m_{32} - z_w u m_{33} = u m_{34} \\ x_w m_{21} + y_w m_{22} + z_w m_{23} + m_{24} - x_w v m_{31} - y_w v m_{32} - z_w v m_{33} = v m_{34} \end{cases}$$

$$(3-14)$$

根据式(3-14),一个标定点能得到两个方程,由于 M 中共 12 个未知

数,因此理论上只需 6 个标定点即可通过求解方程组得到投影矩阵 $\boldsymbol{M}$。而实际标定中由于各种误差的影响,通常取 6 个以上的点,通过最小二乘优化求得投影矩阵 $\boldsymbol{M}$。为了确保投影矩阵结果的唯一性,令 $m_{34}=1$,得到

$$
\begin{bmatrix}
x_{w1} & y_{w1} & z_{w1} & 1 & 0 & 0 & 0 & 0 & -u_1 x_{w1} & -u_1 y_{w1} & -u_1 z_{w1} \\
0 & 0 & 0 & 0 & x_{w1} & y_{w1} & z_{w1} & 1 & -v_1 x_{w1} & -v_1 y_{w1} & -v_1 y_{w1} \\
\vdots & & & & & \ddots & & & & & \\
& & & & & & \ddots & & & & \\
& & & & & & & \ddots & & & \\
x_{wn} & y_{wn} & z_{wn} & 1 & 0 & 0 & 0 & 0 & -u_n x_{wn} & -u_n y_{wn} & -u_n z_{wn} \\
0 & 0 & 0 & 0 & x_{wn} & y_{wn} & z_{wn} & 1 & -v_n x_{wn} & -v_n y_{wn} & -v_n y_{wn}
\end{bmatrix}
\begin{bmatrix}
m_{11} \\ m_{12} \\ m_{13} \\ m_{14} \\ m_{21} \\ m_{22} \\ m_{23} \\ m_{24} \\ m_{31} \\ m_{32} \\ m_{33}
\end{bmatrix}
=
\begin{bmatrix}
u_1 \\ v_1 \\ \vdots \\ \vdots \\ \vdots \\ u_n \\ v_n
\end{bmatrix}
$$

$$(3-15)$$

通过式(3-15)可以进一步根据文献[10]直接求得相机的内部及外部参数。直接线性转化法原理简单,容易实现,但是由于没有考虑相机畸变等因素的影响,因此不适合系统精度要求高的场合。

2. 两步法相机标定技术

经典的两步法相机标定技术由 Tsai 等于 1987 年提出[11,12],该方法第一步利用相机成像过程中径向比例不变的特性,通过解析的方法求得部分相机参数;第二步利用相机的透视投影关系建立方程组,通过非线性优化的方法得到相机的全部参数,非线性优化的初始值为第一步计算的结果。该标定方法由于其稳定性及可操作性,在视觉系统标定中得到了广泛的应用。本书给出的相机标定方法,采用张正友[13]提出的两步法,并根据文献[14]对算法作了进一步的改进,主要包括以下几个步骤[15]:

1)单应矩阵求解

先不考虑图像的畸变,并令 $z_w=0$,代入式(3-4)可以得到

$$\lambda \begin{bmatrix} u - u_0 \\ v - v_0 \\ 1 \end{bmatrix} = \begin{bmatrix} \alpha_x r_{11} & \alpha_x r_{12} & \alpha_x t_x \\ \alpha_y r_{21} & \alpha_y r_{22} & \alpha_y t_y \\ r_{31} & r_{32} & t_z \end{bmatrix} \begin{bmatrix} x_w \\ y_w \\ 1 \end{bmatrix} \tag{3-16}$$

式(3-16)确定了像素点同实际点之间的唯一对应关系,也即单应关系,表示两者之间关系的矩阵为单应矩阵,记为 **H**,

$$\boldsymbol{H} = \begin{bmatrix} \alpha_x r_{11} & \alpha_x r_{12} & \alpha_x t_x \\ \alpha_y r_{21} & \alpha_y r_{22} & \alpha_y t_y \\ r_{31} & r_{32} & t_z \end{bmatrix} = t_z \begin{bmatrix} a_1 & a_2 & a_3 \\ a_4 & a_5 & a_6 \\ a_7 & a_8 & 1 \end{bmatrix} \tag{3-17}$$

将式(3-17)代入(3-16),并消去 λ 和 t_z 后得

$$\begin{bmatrix} -x_w & -y_w & -1 & 0 & 0 & 0 & x_w(u-u_0) & y_w(u-u_0) \\ 0 & 0 & 0 & -x_w & -y_w & -1 & x_w(v-v_0) & y_w(v-v_0) \end{bmatrix} \begin{bmatrix} a_1 \\ a_2 \\ \vdots \\ a_8 \end{bmatrix} = \begin{bmatrix} -u+u_0 \\ -v+v_0 \end{bmatrix}$$

$$\tag{3-18}$$

一个标定点给出两个方程,理论上由 4 个标定点即可求得所有 8 个未知数。而实际标定过程中为了减小误差影响,通常取多个标定点,通过最小二乘优化得到单应矩阵参数。为了避免方程组求解中存在的严重病态问题,通常按照文献[16]的方法进行规格化处理。

2) 由单应矩阵求取相机部分参数初值

根据式(3-17)可以得到

$$\begin{bmatrix} \alpha_x & 0 & 0 \\ 0 & \alpha_y & 0 \\ 0 & 0 & 1 \end{bmatrix}^{-1} \begin{bmatrix} a_1 & a_2 & a_3 \\ a_4 & a_5 & a_6 \\ a_7 & a_8 & 1 \end{bmatrix} = \frac{1}{t_z} \begin{bmatrix} r_{11} & r_{12} & t_x \\ r_{21} & r_{22} & t_y \\ r_{31} & r_{32} & t_z \end{bmatrix} \tag{3-19}$$

又因为旋转矩阵 **R** 的正交特性,有如下关系式:

$$\begin{cases} r_{11}^2 + r_{21}^2 + r_{31}^2 = 1 \\ r_{12}^2 + r_{22}^2 + r_{32}^2 = 1 \\ r_{11}r_{12} + r_{21}r_{22} + r_{31}r_{32} = 0 \end{cases} \tag{3-20}$$

代入式(3-19)得到

$$\begin{bmatrix} a_1^2 - a_2^2 & a_4^2 - a_5^2 \\ a_1 a_2 & a_4 a_5 \end{bmatrix} \begin{bmatrix} \dfrac{1}{\alpha_x^2} \\ \dfrac{1}{\alpha_y^2} \end{bmatrix} = \begin{bmatrix} a_8^2 - a_7^2 \\ -a_7 a_8 \end{bmatrix} \tag{3-21}$$

同理,可以通过多次求解,由最小二乘法提高 α_x,α_y 的计算精度。其余参数的计算为

$$t_z = \sqrt{\frac{1}{\dfrac{a_2^2}{\alpha_x^2} + \dfrac{a_5^2}{\alpha_y^2} + a_8^2}} = \sqrt{\frac{1}{\dfrac{a_1^2}{\alpha_x^2} + \dfrac{a_4^2}{\alpha_y^2} + a_7^2}} \qquad (3-22)$$

$$\begin{bmatrix} r_{11} & r_{12} & t_x \\ r_{21} & r_{22} & t_y \\ r_{31} & r_{32} & t_z \end{bmatrix} = \begin{bmatrix} \alpha_x & 0 & 0 \\ 0 & \alpha_y & 0 \\ 0 & 0 & 1 \end{bmatrix}^{-1} \boldsymbol{H} = t_z \begin{bmatrix} \alpha_x & 0 & 0 \\ 0 & \alpha_y & 0 \\ 0 & 0 & 1 \end{bmatrix}^{-1} \begin{bmatrix} a_1 & a_2 & a_3 \\ a_4 & a_5 & a_6 \\ a_7 & a_8 & 1 \end{bmatrix}$$

$$(3-23)$$

3）不考虑畸变的局部参数优化

在不考虑畸变的条件下,针对图像中心像素进行局部参数优化,得到局部最优参数,为下一步考虑畸变的参数优化提供初值。优化的目标函数为

$$\min = \sum_{i=1}^{n} \sum_{j=1}^{pi} \| m'_{ij} - m(\boldsymbol{A},R_i,T_i,M_{ij}) \| \qquad (3-24)$$

式中:p_i 为第 i 幅图像中心像素点的个数,由于图像中心畸变较小,因此通过这些点进行参数优化可以提高参数优化的精度;m'_{ij} 为第 i 幅图像上第 j 个点的实际像素坐标(畸变坐标);M_{ij} 为对应点的全局坐标;$m(\boldsymbol{A},R_i,T_i,M_{ij})$ 为由 M_{ij} 代入理想成像模型式(3-16)所求出的计算像素坐标。参数优化的目标值是使实测像素坐标同计算像素坐标的偏差最小。

4）考虑畸变的全局参数优化

为了进一步提高相机参数的标定精度,引入前面讨论的畸变模型,以第三步计算结果为初值,对相机的各个参数进行全局优化,优化的方法如下:

$$\min = \sum_{i=1}^{n} \sum_{j=1}^{p} \| m_{ij} - m(k_1,\boldsymbol{A},R_i,T_i,M_{ij}) \| \qquad (3-25)$$

式中:k_1 为相机一阶径向畸变系数,其他参数意义同第三步。

3. 相机参数标定举例

根据上述原理,设计如图 3-5(a)所示的标定模板,由待标定相机从不同方位获取多个模板图像(图 3-5(b)是其中一幅),不同图像所对应的相机内部参数相同,而外部参数不同。

在不同的模板图像上,提取各个特征点(黑色小方框)的像素坐标,由于已知标定模板特征点全局坐标值,因此根据两步法原理可以得到相机参数

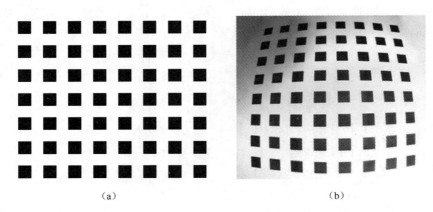

（a）　　　　　　　　　　　　　　　（b）

图 3-5　标定模板与图像

（a）标定模板；（b）模板图像。

的优化结果。表 3-1 给出了采用不同模板图像数量时标定得到的相机内部参数结果。

表 3-1　相机参数标定结果

参数 图像数	α_x	α_y	u_0	v_0	g_1	g_2	g_3	g_4
2	708.0734	708.5156	654.9972	577.5839	−0.2536	0.0697	−0.0028	$-4.92×10^{-5}$
3	740.7888	741.4679	660.8484	578.8176	−0.2746	0.0795	−0.0046	$-5.67×10^{-4}$
4	714.5863	715.3102	658.3243	579.2707	−0.2542	0.0688	−0.0035	$-5.25×10^{-4}$
5	712.7694	713.6751	659.3894	579.5828	−0.2518	0.0676	−0.0037	$-5.02×10^{-4}$
6	692.7861	692.935	651.4334	579.9168	−0.2386	0.062	−0.0012	$-5.63×10^{-4}$
7	679.3063	679.2826	647.4632	579.8056	−0.2298	0.0583	$-1.51×10^{-7}$	$-5.09×10^{-4}$
8	678.6654	678.6539	647.634	579.7913	−0.2298	0.0589	$1.00×10^{-4}$	$-5.05×10^{-4}$
9	677.0028	677.0577	647.7052	579.5923	−0.229	0.0599	$2.50×10^{-4}$	$-3.37×10^{-4}$
10	677.8317	677.8938	648.199	579.8006	−0.2295	0.0609	$3.18×10^{-4}$	$-3.53×10^{-4}$
11	677.9009	677.9423	648.0866	579.7716	−0.2299	0.0611	$2.80×10^{-4}$	$-4.07×10^{-4}$

表 3-1 中，α_x、α_y 为相机镜头焦距（单位：像素），u_0、v_0 为相机主点坐标（单位：像素），g_1、g_2、g_3 和 g_4 为相机畸变系数（仅考虑式（3-12）的二次项）。作为特征参数的相机内部参数具有固定的值，因此一次标定可以重复使用。在实际系统当中，可以根据已知的内部参数单独标定相机的外部参数，得到相机相对标定模板所在坐标系的位姿关系。

由于无法得到相机内部参数的精确值,因此不易直接评价相机参数标定的精度。本例通过线段长度测量对相机标定精度进行间接评价。在模板平面上制作一组线段,该组线段的长度值已知。将模板的空间位置固定,根据已知内部参数得到相机相对当前模板的外部参数,由外部参数和内部参数得到投影矩阵 **M**。在模板图像上,由角点算法提取线段端点的像素坐标,代入成像公式求得端点的全局坐标,由两点坐标计算被测线段的长度。不同长度线段测量误差如图 3-6 所示。

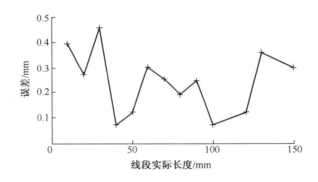

图 3-6　线段长度测量误差曲线

3.2　内孔三维几何参数的环形线结构光测量原理

图 3-2 的环形线结构光三维测量模型中结构光发生器同 CCD 相机的相对位置关系具有随意性,不确定的相对位置关系增加了传感器的体积及其有效成像区域。若图 3-2 的环形线结构光投射到与之同轴的内孔物体上,产生的相贯线为一规则的圆形。环形线结构光的这个特点使之非常适于孔、腔等封闭或半封闭结构的三维测量。当被测对象为孔类结构时,其径向空间受限,但是轴向空间较为自由,这时可以沿轴向布置环形线结构光传感器的各个组成部件,这相当于对环形线结构光传感器施加了同轴特性约束,既适应了孔类结构的空间限制,又简化了系统的数学模型。基于该约束条件的环形线结构光传感器叫作同轴环形线结构光传感器,它通过轴向扫描可以得到孔内轮廓的三维数据。

3.2.1 环形线结构光形成原理

根据产生光锥曲面或光柱面原理的差异,环形线结构光可分为两大类,即基于扫描系统的环形线结构光和基于衍射光栅的环形线结构光。

1. 基于扫描系统的环形结构光产生原理

扫描环形结构光发生器主要有三类:物镜扫描系统、物镜前扫描系统和物镜后扫描系统。物镜扫描系统如图 3-7 所示,平行光束中心轴线距物镜光轴为 r,当物镜严格校正相差后,平行光束通过物镜一定聚焦于焦平面上。当物镜绕平行光束中心轴线旋转时,则在焦平面上得到半径为 r 的圆。通过调整物镜光轴与平行光束中心轴线的距离,可以得到不同半径的扫描圆。物镜前扫描系统和物镜后扫描系统分别在物镜的前方和后方安装了具有旋转功能的镜面反射机构,通过镜面反射机构的旋转得到环形扫描结构光。另外,文献[17]还提出了一种基于正负组合透镜的环形结构光系统。基于扫描机构的环形结构光系统原理简单,并且激光的能量集中,光环上各点的光强分布均匀。但是,该系统对扫描机构的要求较高,结构光发生器的体积较大。

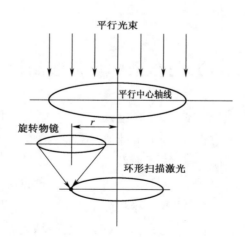

图 3-7 物镜扫描环形结构光产生原理示意图

2. 基于衍射光栅的环形线结构光产生原理

衍射光栅的表面具有规则排列的沟槽或划痕,当平行光束入射到衍射光栅上时,入射光的振幅和相位受到周期性的空间调制。衍射光栅在光学上的最重要应用是作为分光器件,广泛地应用于产生不同模式的结构光照明[18]。衍射光栅的基本公式如下:

$$d(\sin\theta_m) = m\lambda \quad \text{或} \quad \theta_m = \arcsin\left(\frac{m\lambda}{d}\right) \qquad (3-26)$$

式中:d 为栅格间距;λ 为波长;θ_m 为第 m 级衍射光束的衍射角。

根据式(3-26),当具有单一波长 λ 的光束垂直入射到衍射光栅上时,将在空间形成一定规则排列的多条光束。通过控制衍射光栅上栅格的排布形式,则可以得到不同空间排列模式的结构光源。图 3-8 所示为多圆环形式结构光衍射光栅的基本结构。

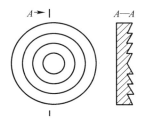

图 3-8　多圆环形式结构光衍射光栅基本结构示意图

图 3-8 中,栅格按照同心圆的方式排列,垂直入射光束衍射后成为多个不同锥角的光锥曲面,设入射光束波长为 670nm,栅格间距 $d = 25\mu m$,代入式(3-26)可以得到衍射后形成的第一个、第二个及第三个(从圆心向外)光锥曲面的锥角分别为 1.54°、3.07°、4.61°。

3.2.2　简单同轴环形线结构光测量头装置工作原理

图 3-9 所示为最简单的同轴环形结构光内孔测量头装置[19],核心部件是环形线结构光发生器和 CCD 相机两部分,传感器分三段,首尾两段用于固定环形线结构光发生器和 CCD 相机,两核心部件的同轴度依靠安装孔的制造精度保证,中间的透明玻璃段主要用于透光。三段支撑管通过特定连接方式连接。

简单同轴环形结构光测量头装置的工作原理如图 3-10 所示。

由结构光源射出的光锥曲面在被测孔表面上形成圆形相贯线,相贯线

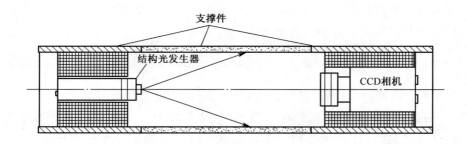

图 3-9 简单同轴环形结构光内孔测量头装置基本结构

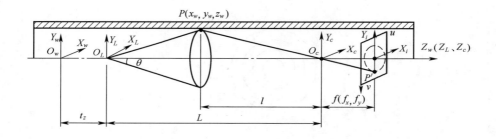

图 3-10 简单同轴环形结构光测量头装置工作原理

经被测孔表面反射后上在相机上成像。图 3-10 中,P 为相贯线上的任一点,P' 为 P 的像点。假设被测孔半径为 R,光锥曲面半锥角为 θ,其轴线同镜头光轴重合,图 3-10 中各坐标系的定义同图 3-2,理想情况下可以认为全局坐标系 $O_w - X_w Y_w Z_w$,结构光源坐标系 $O_L - X_L Y_L Z_L$ 及相机坐标系 $O_c - X_c Y_c Z_c$ 的 Z 轴共线,仅存在 Z 轴方向的平移。L 表示 $O_L - X_L Y_L Z_L$ 坐标系与 $O_c - X_c Y_c Z_c$ 坐标系的坐标原点沿 Z 轴方向的偏移距离,是系统的固有参数,t_z 表示 $O_L - X_L Y_L Z_L$ 坐标系相对于 $O_w - X_w Y_w Z_w$ 坐标系沿 Z 轴方向的偏移距离,表征测量头装置的轴向运动量。$O_w - X_w Y_w Z_w$ 坐标系与 $O_c - X_c Y_c Z_c$ 坐标系之间的旋转矩阵 $\boldsymbol{R}$ 为 3×3 单位阵,平移矩阵 $\boldsymbol{T} = \left[0, 0, -(L + t_z) \right]^{\mathrm{T}}$。$P$ 点的全局坐标为 (x_w, y_w, z_w),P 的相平面坐标为 (x_i, y_i),像素坐标为 (u, v)。根据式(3-1)~式(3-3),可得简单同轴环形线结构光传感器的相机成像数学模型:

$$
\left\{
\begin{aligned}
-l \cdot
\begin{bmatrix} x_i \\ y_i \\ 1 \end{bmatrix}
&=
\begin{bmatrix}
f_x & 0 & 0 & 0 \\
0 & f_y & 0 & 0 \\
0 & 0 & 1 & 0
\end{bmatrix}
\begin{bmatrix}
1 & 0 & 0 & 0 \\
0 & 1 & 0 & 0 \\
0 & 0 & 1 & -(L+t_z) \\
0 & 0 & 0 & 1
\end{bmatrix}
\begin{bmatrix} x_w \\ y_w \\ z_w \\ 1 \end{bmatrix} \\[2mm]
&=
\begin{bmatrix}
f_x & 0 & 0 & 0 \\
0 & f_y & 0 & 0 \\
0 & 0 & 1 & -(L+t_z)
\end{bmatrix}
\begin{bmatrix} x_w \\ y_w \\ z_w \\ 1 \end{bmatrix}
\end{aligned}
\right.
$$

$$
\begin{bmatrix} u \\ v \\ 1 \end{bmatrix}
=
\begin{bmatrix}
1/d_x & 0 & u_0 \\
0 & 1/d_y & v_0 \\
0 & 0 & 1
\end{bmatrix}
\cdot
\begin{bmatrix} x_i \\ y_i \\ 1 \end{bmatrix}
\tag{3-27}
$$

式中: $L = l + R\mathrm{ctan}\theta$。整理式(3-27),可得

$$
\begin{cases}
x_w = x_i l/f_x = (u - u_0)d_x l/f_x \\
y_w = y_i l/f_y = (v - v_0)d_y l/f_y \\
z_w = L - l + t_z
\end{cases}
\tag{3-28}
$$

其中: d_x、d_y、u_0、v_0、f_x、f_y 为相机的内部参数; L 和 θ 为相机外部参数。这些参数需要通过标定来确定。

根据光锥曲面方程,被测孔截面的半径可表示为

$$
R = \sqrt{(x_w^2 + y_w^2)}
\tag{3-29}
$$

设被测孔的像半径为 r,相机镜头的 $f_x = f_y = f$,相平面的 $d_x = d_y = d_r$,则

$$
r = \sqrt{(x_i^2 + y_i^2)} = \sqrt{(u - u_0)^2 + (v - v_0)^2}\, d_r
\tag{3-30}
$$

将式(3-29)和式(3-30)带入式(3-28),可得

$$
R = lr/f
\tag{3-31}
$$

这是计算被测内孔截面半径的基本公式。实际上,根据图3-10的几何关系,也可以直接得出该公式。

由 $L = l + R\mathrm{ctan}\theta$ 可知,当被测孔径 R 变大时,物距 l 减小,被测孔的像半径 r 增大,为了避免像半径超过相机靶面尺寸,只能增大 L,从而增大传感器的轴向尺寸。因此,简单同轴环形线结构光测量头装置只适用于孔径较小,且孔径变化不大的内孔轮廓测量。当孔径变化较大时,可以采用下一节介绍的带锥镜同轴环形线结构光测量头装置。

将 $l = L - R\mathrm{ctan}\theta$ 带入式（3-31），得

$$R = \frac{Lr}{f + r\mathrm{ctan}\theta} \qquad (3-32)$$

如果通过标定确定了相机内部参数和外部参数，可以根据式（3-28）~式（3-32）获得被测孔截面轮廓的径向尺寸数据。可见，采用具有同轴特性的环形线结构光传感器，求解被测孔内轮廓几何参数的过程非常简单。

3.2.3　带锥镜同轴环形线结构光测量头装置工作原理

1. 测量头装置基本结构

为了解决简单同轴环形线结构光测量头装置轴向尺寸过长，不能适应被测孔径变化范围大的问题，可以采用图 3-11 所示的带锥镜同轴环形线结构光内孔测量头装置[19-23]。以玻璃支撑管为主体的环形线结构光测量头装置分三段，分别用于固定环形线结构光发生器、反射锥镜及 CCD 相机等核心部件，各核心部件的同轴度依靠安装孔的制造精度保证。三段支撑管通过特定连接方式连接。

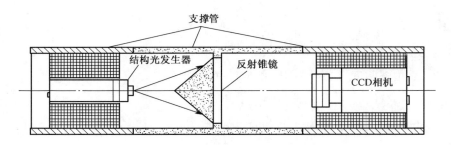

图 3-11　改进同轴环形线结构光内孔测量头装置基本结构

在环形线结构光发生器及 CCD 相机之间增加反射锥镜的原因是：①避免环形线结构激光直接入射到 CCD 成像面上，保护 CCD 相机；②由于环形线结构光光锥半角较小（11.4°），若将其直接投射到孔内表面上，当孔径增大时，必须增大环形线结构光发生器同相机之间的距离才能正常成像，从而使测量头装置的轴向尺寸过大，通过设置反射锥镜改变光锥入射角可以有效避免该问题；③基于环形线结构光测量内孔轮廓时，若环形线结构光发生器的轴线偏离被测孔轴线，则光锥曲面同孔内表面相交形成的截面（相贯线）同孔轴线不垂直，即截面上各点的轴向位置不同，增加了系统标定及求

解的难度。若合理设计反射锥镜角度,使光线以垂直的角度入射到孔内表面上,则只要环形线结构光发生器轴线同被测孔轴线平行,则相交形成的截面始终垂直于孔轴线。因此,反射锥镜设计的原则是必须保证反射光线以垂直的角度入射到孔内表面上,如图 3-12 所示。

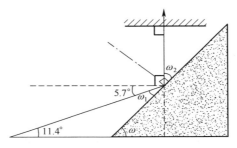

图 3-12　反射锥镜角度设计原理示意图

根据图 3-12,有 $11.4° + \omega_1 = \omega$ 和 $\omega + \omega_2 = 90°$,根据镜面反射原理可知 $\omega_1 = \omega_2$,因此计算得反射锥镜的半锥角 $w = 50.7°$。

反射锥镜支撑件除了用于固定反射锥镜之外,还用于连接环形线结构光发生器组件和相机组件,同时还起到透光的作用。光线由锥镜反射后透过该支撑件投射到被测孔表面上,反射光再次透过支撑件在 CCD 相机上成像。因此,要求该支撑件具有一定的强度和韧性,同时还要保证较高的透光率。有机玻璃是一种透明的高分子材料,其透光率为 92%,机械强度高,抗拉伸和抗冲击能力是普通玻璃的 7~18 倍,能用机床进行车削、钻孔等加工,因此可以采用有机玻璃制作反射锥镜的支撑件。

2. 测量头装置工作原理

带锥镜同轴环形线结构光测量头装置的工作原理如图 3-13 所示,光线从 S 点(结构光坐标原点 O_L)出发入射到半锥角为 ω 的锥镜上,光线同水平方向的夹角为 θ,经锥镜反射后投影到孔内表面上,再经被测孔表面反射后在相机上成像。图 3-13 中各坐标系及基本参数的定义同图 3-10,L' 表示 $O_L - X_L Y_L Z_L$ 坐标系与 $O_c - X_c Y_c Z_c$ 坐标系的坐标原点沿 Z 轴方向的偏移距离,是系统的固有参数,t_z 表示 $O_L - X_L Y_L Z_L$ 坐标系相对于 $O_w - X_w Y_w Z_w$ 坐标系沿 Z 轴方向的偏移距离,表征测量头装置的轴向运动量。$O_w - X_w Y_w Z_w$ 坐标系与 $O_c - X_c Y_c Z_c$ 坐标系之间的旋转矩阵 $\boldsymbol{R}$ 为 3×3 单位阵,平移矩阵 $\boldsymbol{T} = [0, 0, -(L' + t_z)]^{\mathrm{T}}$。

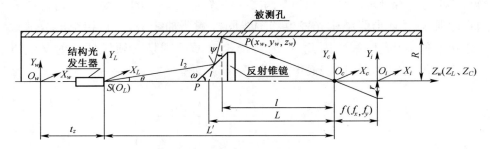

图 3-13　改进同轴环形结构光测量头装置工作原理

将上述参数代入式(3-1)~式(3-3),可得

$$
\begin{cases}
- l \cdot \begin{bmatrix} x_i \\ y_i \\ 1 \end{bmatrix} = \begin{bmatrix} f_x & 0 & 0 & 0 \\ 0 & f_y & 0 & 0 \\ 0 & 0 & 1 & -(L' + t_z) \end{bmatrix} \begin{bmatrix} x_w \\ y_w \\ z_w \\ 1 \end{bmatrix} \\
\begin{bmatrix} u \\ v \\ 1 \end{bmatrix} = \begin{bmatrix} 1/d_x & 0 & u_0 \\ 0 & 1/d_y & v_0 \\ 0 & 0 & 1 \end{bmatrix} \cdot \begin{bmatrix} x_i \\ y_i \\ 1 \end{bmatrix}
\end{cases}
\tag{3-33}
$$

式中:$L' = l + l_2\cos\theta + (R - l_2\sin\theta)\tan\psi$。式(3-33)和式(3-27)的结果基本相同,只是用 L' 取代了 L。

当光线完全垂直入射到被测面时,$\psi = 0$,物距 $l = L' - l_2\cos\theta$ 不会随着被测孔径 R 的变化而变化,将 l 带入式(3-33),并根据 $R = \sqrt{(x_w^2 + y_w^2)}$ 和 $r = \sqrt{(x_i^2 + y_i^2)}$,得

$$
R = (L' - l_2\cos\theta) r/f
\tag{3-34}
$$

式中:L'、l_2、θ、f 为固定的系统参数;R 与 r 为线性关系。

实际系统中,ω 同理论值存在误差,使 $\psi \neq 0$,l 也将随着被测孔径的变化而变化,但变化范围较小。将 $l = L' - l_2\cos\theta - (R - l_2\sin\theta)\tan\psi$ 带入式(3-33),得

$$
R = \frac{[L' - l_2\cos\theta + l_2\sin\theta\tan\psi] r}{f + r\tan\psi}
\tag{3-35}
$$

令 $k = (L' - l_2\cos\theta + l_2\sin\theta\tan\psi)$ 为系统固定参数,式(3-35)可表示为

$$
R = \frac{kr}{f + r\tan\psi}
\tag{3-36}
$$

可见，$\psi \neq 0$ 时 R 同 r 之间是非线性关系，ψ 值越大，R 同 r 之间的非线性越明显。对式（3-36）求微分，可得

$$dR = \frac{kr \cdot d(f + r\tan\psi) - (f + r\tan\psi) \cdot d(kr)}{(f + r\tan\psi)^2} = \frac{kfdr}{(f + r\tan\psi)^2}$$

（3-37）

式中：dR 为实际半径分辨力，是待求量；dr 为 CCD 成像面上的物理分辨力，即一个像素对应的物理尺寸，本书使用的 CCD 相机，$dr = 4.4\mu m$，若环形线结构光测量头装置的基本配置为：$L \approx 140mm$，$l_2 \approx 44mm$，$f = 3.5mm$，$\psi \approx 2.5°$，则 $k \approx 97.2478$，$\tan\psi \approx 0.0437$，可以得到距 O_c 不同位置（用像素半径表示）图像对应的孔半径分辨力 $dR = \dfrac{97.2478 \times 3.5 \times 0.0044}{(3.5 + r \times 0.0044 \times 0.0437)^2}$，如图 3-14所示，像素半径 $50 \leqslant r \leqslant 800$ 对应的被测孔半径为 $6mm \leqslant R \leqslant 93mm$，径测量分辨力为 $0.112\ mm \leqslant dR \leqslant 0.122\ mm$。

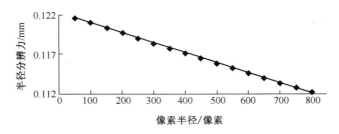

图 3-14　半径测量分辨力理论分析

以上各式成立的前提是环形线结构光测量头装置与被测孔同轴，同时组成测量头装置的三个关键部件，线结构光发生器、反射锥镜和 CCD 相机也同轴，也即满足同轴约束条件，当不满足时，需要对传感器的同轴特性进行调整。

3. 测量头装置获取的图像

采用带锥镜同轴线结构光测量头装置获取的带有膛线的火炮身管内膛截面轮廓图像如图 3-15 所示。

由于测量头装置中包含反射锥镜与玻璃管器件，图像噪声源多，光线在孔腔内表面多次反射，图像中存在干扰信号，图 3-15 中最外侧的环形光斑 S 包含了火炮身管内轮廓的形貌信息，为有用光条，其他为干扰光条。通过进行有效光斑中心提取、内外圆分离和析取等数据处理，可以获得火炮身管的

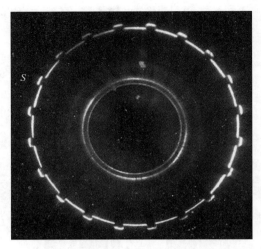

图 3-15　环形线结构光测量头装置获取的火炮身管内截面轮廓图像

径向截面几何参数。

3.2.4　同轴环形线结构光测量头装置固有参数标定原理

根据前述内容,根据 CCD 相机的图像计算被测点的空间坐标时,需要事先知道测量头装置的固有参数,测量头装置的固有参数往往是通过标定的方法获取,包括相机内部参数的标定和相机外部参数的标定。

1. 相机内部参数标定原理

同轴环形线结构光测量头装置的数学模型较一般线结构光测量头装置的数学模型要简单,因此,其标定过程也相对简单。相机内部参数主要包括相机成像平面主点坐标 (u_o, v_o) 和相机焦距 (f_x, f_y),这些参数跟环形线结构光发生器没有直接关系,标定时可以去掉环形线结构光发生器,使用外部照明,通过对标定件上的特定点做特殊标记,再从图像上提取这些特定标记点的图像坐标反求相机的内部参数[24]。

1) 轴向运动确定相机主点及 Z 向位置

轴向运动是指 CCD 相机沿其光轴方向,也就是沿 CCD 相机坐标系的 Z_c 轴做平移运动。CCD 相机作一次轴向运动,可以线性地计算出 CCD 相机主点的像素坐标。如图 3-16 所示,P_1 和 P_2 是被测物体上的任意两点,图 3-16(a) 为 CCD 相机轴向运动前的成像光路,图 3-16(b) 为 CCD 相机轴向移动后的成像光路,p_1'、p_2'、p_1'' 和 p_2'' 分别为 CCD 相机轴向运动前后 P_1 和 P_2 的像点。为计算方便，令轴向运动前的相机坐标系与世界坐标系相同。

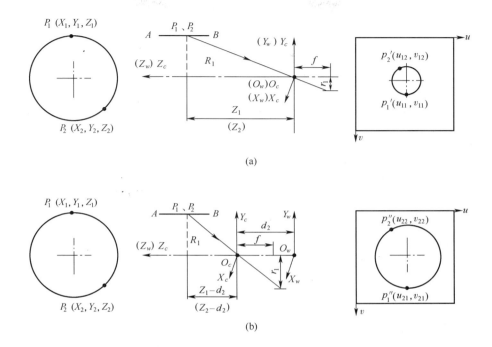

图 3-16 同轴线结构光传感器相机内部参数标定原理

设轴向运动前后的投影矩阵分别为

$$\boldsymbol{M}_1 = \begin{bmatrix} \alpha_x & 0 & u_0 & 0 \\ 0 & \alpha_y & v_0 & 0 \\ 0 & 0 & 1 & 0 \end{bmatrix} \begin{bmatrix} \boldsymbol{I} & \boldsymbol{t}_1 \\ 0 & 1 \end{bmatrix}, \quad \boldsymbol{M}_2 = \begin{bmatrix} \alpha_x & 0 & u_0 & 0 \\ 0 & \alpha_y & v_0 & 0 \\ 0 & 0 & 1 & 0 \end{bmatrix} \begin{bmatrix} \boldsymbol{I} & \boldsymbol{t}_2 \\ 0 & 1 \end{bmatrix}$$

式中：α_x、α_y 与相机焦距和像素分辨率有关，$\alpha_x = \dfrac{f_x}{d_x}$，$\alpha_y = \dfrac{f_y}{d_y}$；$(u_o, v_o)$ 为 CCD 相机主点的像素坐标；t_1、t_2 与相机轴向移动距离有关，$t_1 = [0,0,0]^T$，$t_2 = [0,0,d_2]^T$。空间一点 $P_1 = [X_1, Y_1, Z_1, 1]$ 经过两个投影矩阵形成的像素坐标分别为 $p_1'(u_{11}, v_{11})$ 和 $p_1''(u_{21}, v_{21})$（第一个下标表示 CCD 相机轴向运动顺序，第二个下标表示空间点的序号），将 P_1、p_1'、$\boldsymbol{M}_1$、t_1 和 P_1、p_1''、$\boldsymbol{M}_2$、t_2 分别带入式(3-4)，可得

$$\begin{cases} (u_{11}, v_{11}) = ((\alpha_x X_1 + u_0 Z_1)/Z_1, (\alpha_y Y_1 + v_0 Z_1)/Z_1) \\ (u_{21}, v_{21}) = ((\alpha_x X_1 + u_0 Z_1 + u_0 d_2)/(Z_1 + d_2), (\alpha_y Y_1 + v_0 Z_1 + v_0 d_2)/(Z_1 + d_2)) \end{cases}$$

$$(3\text{--}38)$$

设 $d_2 = \dfrac{Z_1}{n_1}$，则

$$\begin{aligned} u_{11} - u_{21} &= (\alpha_x X_1 d_2)/(Z_1(Z_1 + d_2)) \\ &= ((\alpha_x x_1 Z_1)/n_1)/(Z_1(n + 1)/n) \\ &= (\alpha_x X_1)/(Z_1(n + 1)) \\ &= (\alpha_x X_1 + u_0 Z_1)/(Z_1(n + 1)) - u_0 Z_1/(Z_1(n + 1)) \\ &= (u_{11} - u_0)/(n_1 + 1) \end{aligned}$$

$$(3\text{--}39)$$

同理

$$v_{11} - v_{21} = (v_{11} - v_0)/(n_1 + 1) \tag{3--40}$$

空间另一点 $P_2 = [X_2, Y_2, Z_2, 1]$，经过两个投影矩阵形成的像素坐标分别为 $p_2''(u_{12}, v_{12})$ 和 $p_2''(u_{22}, v_{22})$，其中第一个下标表示轴向运动顺序，第二个下标表示空间点的序号。将 P_2、p_2'、$\boldsymbol{M}_1$、t_1 和 P_2、p_2''、$\boldsymbol{M}_2$、t_2 分别带入式 (3-4)，并设 $d_2 = \dfrac{Z_2}{n_2}$，可得

$$\begin{cases} u_{12} - u_{22} = (u_{12} - u_0)/(n_2 + 1) \\ v_{12} - v_{22} = (v_{12} - v_0)/(n_2 + 1) \end{cases} \tag{3--41}$$

式 (3-39)~式 (3-41) 有四个方程四个未知数，联立可解出 (u_0, v_0, n_1, n_2)，即可求出 CCD 相机的主点像素坐标 (u_0, v_0) 和两空间点 P_1 和 P_2 的相对轴向位置 (n_1, n_2)。如果已知 CCD 相机的轴向运动参数 d_2，还可得到两空间点的绝对位置 (Z_1, Z_2)。

利用纯轴向运动进行 CCD 相机标定的关键是如何保证 CCD 相机做纯轴向运动。

2）X、Y 向运动确定 f_x, f_y

已知空间中的一点 P_1 通过投影矩阵 $\boldsymbol{M}_1$ 投影到像平面的像素坐标为式 (3-38) 中的 (u_{11}, v_{11})。再将 CCD 相机沿 X 方向平移 $t_3 = [d_3, 0, 0]$，此时 CCD 相机投影矩阵为 $\boldsymbol{M}_3 = \begin{bmatrix} \alpha_x & 0 & u_0 & 0 \\ 0 & \alpha_y & v_0 & 0 \\ 0 & 0 & 1 & 0 \end{bmatrix} \begin{bmatrix} I & t_3 \\ 0 & 1 \end{bmatrix}$，点 P_1 通过 $\boldsymbol{M}_3$ 投

影到像平面的像素坐标为

$$(u_{13}, v_{13}) = ((\alpha_x X_1 + u_0 Z_1 + \alpha_x d_3)/Z_1, (\alpha_y Y_1 + v_0 Z_1)/Z_1) \quad (3\text{-}42)$$

式(3-42)减去式(3-38)中的 (u_{11}, v_{11})，可得

$$u_{13} - u_{11} = (\alpha_x X_1 + u_0 Z_1 + \alpha_x d_3)/Z_1 - (\alpha_x X_1 + u_0 Z_1)/Z_1 = \alpha_x d_3/Z_1$$

$$(3\text{-}43)$$

给定 CCD 相机运动前后拍摄的两幅图像，则 u_{11}, u_{13} 已知，如果 Z_1、d_3 也是已知的，则可以求出 α_x。

同理，将 CCD 相机沿 Y 轴平移 $t_4 = [0, d_4, 0]$，得到

$$(u_{14}, v_{14}) = ((\alpha_x X_1 + u_0 Z_1)/Z_1, (\alpha_y Y_1 + v_0 Z_1 + \alpha_y d_4)/Z_1) \quad (3\text{-}44)$$

式(3-44)减去式(3-38)中的 (u_{11}, v_{11})，可得

$$v_{14} - v_{11} = (\alpha_y Y_1 + v_0 Z_1 + \alpha_y d_4)/Z_1 - (\alpha_y Y_1 + v_0 Z_1)/Z_1 = \alpha_y d_4/Z_1$$

$$(3\text{-}45)$$

给定 CCD 相机运动前后拍摄的两幅图像，则 v_{11}、v_{14} 已知，如果 Z_1、d_4 也是已知的，则可以求出 α_y。

严格控制 CCD 相机沿 X、Y 方向运动比较困难，可以考虑 CCD 相机不动，而将空间点 P 沿 X 方向移动 d_3，得 $P'(X + d_3, Y, Z)$。点 P' 通过 $\boldsymbol{M}_1$ 投影到图像平面，其像素坐标为

$$(u_1', v_1') = (u_{13}, v_{13}) = ((\alpha_x X_1 + u_0 Z_1 + \alpha_x d_3)/Z_1, (\alpha_y Y_1 + v_0 Z_1)/Z_1)$$

$$(3\text{-}46)$$

所以移动空间点和移动 CCD 相机可以取得一样的效果，而移动空间点则可以通过下面的方法简单地实现。如图 3-17 所示，其中左上角圆心 P_1 看作是移动前的空间点，右边的圆心 P_2 可以看作是沿 X 方向移动 d_3 后的空间点，下边的圆心 P_3 可以看作是沿 Y 方向移动 d_4 后的空间点。这样 CCD 相机拍摄一次图像就相当于得到了 CCD 相机作两次平移前后拍摄的三幅图像。其中 d_3 和 d_4 可以在模板上测量出来，只要知道轴向位置 Z_1 就可以计算出 α_x、α_y，并根据 $\alpha_x = \dfrac{f_x}{d_x}$、$\alpha_y = \dfrac{f_y}{d_y}$ 计算出 f_x、f_y，Z_1 可以按照前一小节介绍的方法计算。

3）相机内部参数标定举例

将待标定的 CCD 相机通过系统设计的相机座与定心支承装置连接，在齿轮齿条的驱动下在标定筒内沿孔轴线（Z 向）运动。由于定心支承装置具

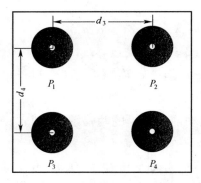

图 3-17　同轴环形线结构光测量头装置相机参数标定模板

有良好的自动定心作用,齿轮齿条的传动方式保证运动不会有周向分量,因此实现了 CCD 相机的纯轴向运动。将设计的简单模板平整地贴在标定筒的端面上,即保证了模板与 CCD 相机光轴的垂直。先拍摄一幅图像,然后由伺服电机驱动,使 CCD 相机沿着光轴方向移动已知的距离 d_2,再拍摄一幅图像,即可使用本节介绍的方法求出 CCD 相机的内部参数,见表 3-2。

表 3-2　相机内部参数标定结果(单位:像素)

相机内部参数	标定值 1	标定值 2	标定值 3	标定值 4	标定值 5
α_x	692.7861	679.2826	678.6654	677.0028	677.8317
α_y	692.935	679.3063	678.6539	677.0577	677.8938
u_0	651.4334	647.634	647.7052	648.199	648.0866
v_0	579.9168	579.7913	579.8006	579.7716	579.5828

2. 相机外部参数标定原理

由前述内容可知,简单同轴环形线结构光测量头装置的相机外部参数主要包括 L 和 θ,带锥镜同轴环形线结构光测量头装置的相机外部参数主要包括 L'、l_2、θ 和 ψ,这些参数跟测量头装置的环形线结构光发生器和相机均有关系,因此,标定时需要作为整体考虑。由图(3-13)可知,在带锥镜同轴环形线结构光测量头装置中,若把反射光锥面的反向延长线与轴线交点到镜头光心的距离记作 L,将反射光锥面的半锥角记作 θ(这里 $\theta = 90° - \psi$),简单同轴环形线结构光测量头装置和带锥镜同轴环形线结构光测量头装置具有完全一致的数学模型。因此,其外部参数都可以统一为 L 和 θ,标定过程完全一样,标定原理如图 3-18 所示。

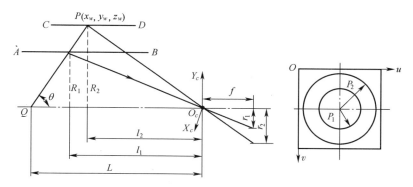

图 3-18　同轴环形线结构光测量头装置相机外部参数标定原理

对简单同轴环形线结构光测量头装置来说,图中 Q 点为入射光锥面顶点,对带锥镜同轴环形线结构光测量头装置来说,图中 Q 点为经锥镜反射后光锥曲面的虚拟顶点。AB、CD 分别表示两个不同半径孔的内表面,光线经该内表面反射后在 Ouv 表示的相机图像平面上成像。设两个孔的半径分别为 R_1、R_2,其在相机平面上所成像的半径分别为 r_1、r_2,l_1、l_2 为光锥曲面同内表面相交形成的垂直截面到光心的水平距离(物距),L 为光心到光锥曲面顶点 Q 的距离。O_c 点为镜头的光心,f 为镜头的焦距。由图 3-18 可得 $\tan\theta = \dfrac{\Delta R}{\Delta l} = (R_2 - R_1)/(l_1 - l_2)$。根据同轴环形线结构光工作原理,可得

$$\begin{cases} R_2/l_2 = r_2/f \\ R_1/l_1 = r_1/f \end{cases} \tag{3-47}$$

进一步整理式(3-47)可得

$$\Delta l = l_1 - l_2 = f(R_1/r_1 - R_2/r_2) \tag{3-48}$$

因此,入(反)射光锥曲面的半锥角:

$$\tan\theta = \Delta R/\Delta l = r_1 r_2 (R_1 - R_2)/f(R_1 r_2 - R_2 r_1)$$

$$\theta = \arctan \frac{r_1 r_2 (R_1 - R_2)}{f(R_1 r_2 - R_2 r_1)} \tag{3-49}$$

确定 θ 后,可以由图 3-18 得到光心 O_c 与入(反)射光锥曲面顶点 Q 之间的距离:

$$L = \frac{R_1 f}{r_1} + \frac{R_1}{\tan\theta} = \frac{R_2 f}{r_2} + \frac{R_2}{\tan\theta} \tag{3-50}$$

为了消除随机误差对标定精度的影响,采用多次标定取平均的方法。

设共有 N 个已知直径的标定筒,则有

$$\begin{cases} \theta = (\theta_1 + \theta_2 + \cdots + \theta_{N-1})/(N-1) \\ L = (L_1 + L_2 + \cdots + L_{N-1})/(N-1) \end{cases} \tag{3-51}$$

标定出传感器的固有参数 u_0、v_0、f_x、f_y、L、θ 后,可以按照3.2.3节原理,计算被测内孔的截面数据点集和半径,这是复杂深孔内轮廓参数测量的基础。

3.3　内孔三维几何参数的弧形线结构光测量原理

利用同轴环形线结构光测量孔腔内轮廓几何参数时,每次测量都能够得到一幅完整的孔腔内表面截面图像,具有较高的测量效率,其中的反射锥镜与玻璃管是实现成像必不可少的两个部件。反射锥镜与玻璃管所选材料、加工工艺及安装调试均对系统测量精度产生影响。反射锥镜表面在机械加工过程中不可避免地存在加工误差及加工刃痕,因此锥镜表面并非理想镜面,反射锥镜对入射的环形线结构光形成漫反射,加宽了反射光线的实际宽度值,导致成像光条宽度增加,提高了光条中心点的提取难度,降低了光条中心提取精度。支承反射锥镜及 CCD 相机的玻璃管材料为有机玻璃,环形线结构光要在有机玻璃管内经过两次透射后才在 CCD 相机上成像,有机玻璃透光率为92%,结构光两次穿过玻璃管后透光率仅为84.64%,为了获得高亮条纹,一般通过提高结构光输出功率来补偿,但提高结构光输出功率也会使得图像噪声加大,信噪比降低。此外,玻璃管本身材质的不均匀及加工误差、加工刀痕的存在,也使得图像上高亮光条的宽度值变得不均匀而造成测量误差。

此外,为了提高深孔的内轮廓测量精度,还要求投射到深孔内壁的线结构光尽量与孔轴线垂直,为此不得不引入反射锥镜。如果线结构光能直接垂直于孔轴线投射,就可以不用反射锥镜,从而简化系统结构,提高系统测量精度。本书下面要介绍的弧形线结构光测量头装置[25]的主要特点就是把结构光与被测孔轴线正交布置,下面详细介绍其结构与工作原理。

1. 测量头装置基本结构

弧形线结构光测量头装置的结构如图 3-19 所示,传感器主要由结构光发生器和 CCD 相机组成,结构光光源与被测孔正交放置,结构光投射到被测

孔产生一段截面弧线,该截面弧线在与孔同轴放置的 CCD 上成像,图像也是一段弧线(因此称为弧形线结构光测量头装置)。弧形线结构光测量头装置应用于孔腔内轮廓三维测量,一次成像可以采集一段截面圆弧线上的数据,传感器沿孔轴线方向做一维运动,就可以获取一段弧面上的三维信息,为了获得被测孔的完整信息,需要传感器在每个被测截面绕孔轴线做有限次的转位。

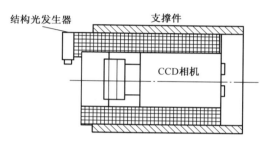

图 3-19　弧形线结构光测量头装置基本结构

如图 3-20 所示,弧形线结构光在孔腔内表面形成的亮条纹为圆心角为 γ 的一段弧线。设 O_1 为弧形线结构光柱面透镜光心,ψ 为弧形线结构光出射角度,R 为被测孔半径值,h 为 OO_1 方向 O_1 点与孔腔内壁距离。

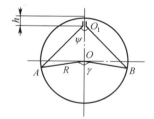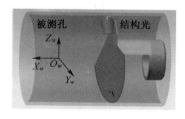

图 3-20　弧形线结构光测量头装置的成像

在被测孔腔截面轮廓为理想圆形时,γ 为

$$\gamma = \psi + 2\arcsin\left(\left(1 - \frac{h}{R}\right)\sin\frac{\psi}{2}\right) \tag{3-52}$$

传感器一次测量完成圆心角为 γ 的一段弧面测量,若要实现完整的孔腔截面轮廓测量,传感器至少需要绕轴线转位 N 次:

$$N = \mathrm{int}\left(\frac{2\pi}{\gamma}\right) \tag{3-53}$$

这里 $\mathrm{int}(x)$ 是对 x 进行取整操作。式(3-53)表明,γ 越大,N 越小,反

之,γ 越小则 N 越大。N 值越大,测量效率越低,同时图像拼接次数增加,更多地引入拼接误差。为了减小图像拼接次数,应设法加大 γ 值。由式 (3-52) 可知,γ 的主要影响因素有 ψ、R 及 h。

R、ψ 为固定值时,γ 与 h 之间关系如图 3-21 所示。γ 随着 h 的增加而减小。为了减少传感器绕孔腔轴线转位次数 N,h 值应该尽量小,h 值取为弧型线结构光器件与孔腔内截面不干涉的最小距离,传感器安装之后 h 值保持固定不变。

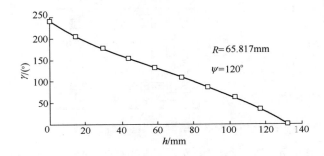

图 3-21　圆心角 γ 与安装位置 h 关系曲线

R、h 为固定值时,γ 与 ψ 之间关系如图 3-22 所示,γ 随着 ψ 的增大而增大。为了减少传感器绕孔腔轴线转位次数 N,ψ 值应该尽量大,ψ 为弧型线结构光器件的关键参数,本书介绍的弧型线结构光器件 $\psi = 130°$。

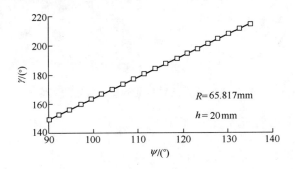

图 3-22　圆心角 γ 与出射角 ψ 之间关系曲线

h、ψ 为固定值时,γ 与 R 之间关系如图 3-23 所示,随着 R 的增大,γ 也相应增大,使图像拼接次数减小。

2. 测量头装置工作原理

弧形线结构光测量头装置的测量原理如图 3-24 所示,结构光 Γ 在被测

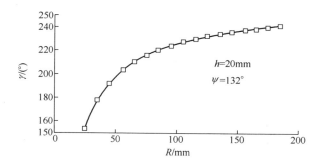

图 3-23　圆心角 γ 与半径 R 之间关系曲线

孔腔内表面上形成圆弧状光亮条纹 $\overset{\frown}{AB}$，由于被测孔腔内表面各点径向深度不相同，光条纹受到调制产生变形，其变形程度与孔径向深度 R 有关，受调制的变形光条纹在 CCD 相机像平面 Π 上成像为 $\overset{\frown}{ab}$。

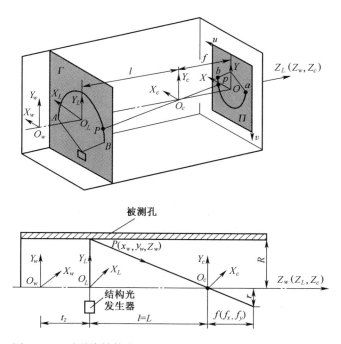

图 3-24　弧形线结构光测量头装置孔腔内轮廓截面测量原理

图中的各个坐标系及基本参数的定义同图 3-10，与环形线结构光测量头装置一样，全局坐标系 $O_w - X_w Y_w Z_w$ 与相机坐标系 $O_c - X_c Y_c Z_c$ 的 Z 轴共线，$O_L - X_L Y_L Z_L$ 坐标系与 $O_c - X_c Y_c Z_c$ 坐标系的坐标原点沿 Z 轴方向距离是系统的固有参数，又刚好等于物距，即 $l = L$；t_z 表示 $O_L - X_L Y_L Z_L$ 坐标系相对于 $O_w - X_w Y_w Z_w$ 坐标系的 Z 轴方向偏移量，表征传感器一维轴向运动量。$O_w - X_w Y_w Z_w$ 坐标系与 $O_c - X_c Y_c Z_c$ 坐标系之间的旋转矩阵 $\boldsymbol{R}$ 为 3×3 单位阵，平移矩阵 $\boldsymbol{T} = [0,0,-(L+t_z)]^T$。设 P 为被测孔腔内表面任意一点，P 点在全局坐标系下坐标为 $(x_w, y_w, z_w)^T$，在相机坐标系下坐标为 $(x_c, y_c, z_c)^T$，成像点 p 在相平面坐标系下坐标为 $(x_i, y_i)^T$。式(3-1)~式(3-3)同样适用于弧形线结构光测量头装置，考虑上述约束条件后，可得：

$$\begin{cases} x_w = x_i L/f_x = (u - u_0) d_x L/f_x \\ y_w = y_i L/f_y = (v - v_0) d_y L/f_y \\ z_w = t_z \\ \boldsymbol{R} = Lr/f \end{cases} \tag{3-54}$$

可见，$\boldsymbol{R}$ 与 r 仍是简单线性关系。可以按照 3.2.4 节介绍的标定方法获取相机的内部参数 d_x、d_y、u_0、v_0、f_x、f_y 和外部参数 L，并通过像点 p 的像素坐标 $(u,v)^T$，结合传感器轴向位移参量 t_z，求解 P 点的全局坐标 $(x_w, y_w, z_w)^T$。

3. 测量头装置获取的图像

采用弧形线结构光测量头装置获取的带有膛线的火炮身管内膛截面轮廓图像如图 3-25 所示。

图 3-25　弧形线结构光测量头装置获取的火炮身管内截面轮廓图像

由于测量头装置中去掉了反射锥镜与玻璃管直接成像，且从结构上保证结构光平面与被测孔轴线相垂直，因此消除了光条一次反射图像噪声与虚像的二次反射形成的图像噪声,图像信噪比高,光条提取精度高,为提高整个系统测量精度提供了保证条件,但是要完成孔腔完整截面测量,需要增加测量头装置绕轴向旋转的运动。

3.4　线结构光图像处理

线结构光测量头装置将孔腔内轮廓的三维信息以 256 灰度级图像在二维平面显示,如何有效地从二维灰度图像信息中正确恢复三维模型是线结构光技术中的重要研究内容。本小节从分析线结构光图像特点出发,详细叙述线结构光图像处理过程,主要包括图像预处理(图像的滤波、光条弧心 $O(x_c, y_c)$ 初值确定与 ROI (Range of Interest) 区域的提取、光条弧心 $O(x_c, y_c)$ 的精确确定、光条中心亚像素提取等。

3.4.1　线结构光图像的特征

图 3-26 是利用线结构光测量头装置获取的几幅被测内孔的截面图像。图 3-26(a)是环形线结构光测量头装置获得的火炮身管内膛截面图像,图 3-26(b)是环形线结构光测量头装置获得的光孔内膛截面图像,图 3-26(c)是弧形线结构光测量头装置获得的火炮身管内膛截面图像。结合系统的成像原理及对实际拍摄图像的分析,系统所成图像有以下特点:

(1)当被测对象为孔类零件时,截面轮廓图像为近似圆形或弧形的高亮条纹;

(2)由于受线结构光宽度及 CCD 感光、采样等过程的限制,表示截面轮廓的高亮条纹在图像上的宽度大于 1 个像素;

(3)受孔表面反射状况及结构光测量头装置成像原理的影响,实测图像中有可能存在一定的噪声信号或干扰信号(如图 3-26(a)和图 3-26(c)中只有最外侧的 S 是有用光条,内部的光条是由于光线在孔腔内表面多次反射形成的干扰信号)。

(4)受线结构光形成原理的限制,沿截面轮廓线方向的光强分布呈不均匀状态,图 3-26(a)和图 3-26(b)较为明显。

基于线结构光的三维测量系统,是以有用光条纹构成的二维数字图像作为信息源的,光条上各点的位置与灰度信息表征了被测物体的三维信息,

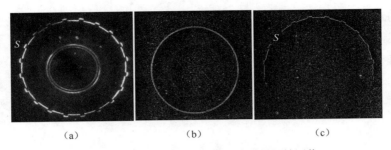

(a)　　　　　　　　(b)　　　　　　　　(c)

图 3-26　线结构光测量头装置拍摄的原始图像

通过提取二维图像的光条中心坐标位置 $(u,v)^T$，由式（3-33）或式（3-54）恢复物体表面的三维坐标 $(x_w,y_w,z_w)^T$。因此，光条中心点的提取精度直接影响物体的三维测量精度，准确提取结构光条纹中心是结构光测量的一项重要任务。理论上，结构光条纹应该是无限薄光曲面（平面）与物体表面的相贯线，但实际的结构光曲面（平面）有一定的宽度，使得结构光条纹也有一定的宽度，一般为 1 个像素到几十个像素[26]，图 3-27 所示为环形线结构光条的局部图像，其光条纹径向宽度约为 21 像素。在整个光条宽度上，其灰度并不是均匀分布的，一般沿径向呈现 Gauss 分布规律，图 3-28 表示了环形线结构光的光条灰度沿径向的变化规律，其中 B 处极值位于干扰光条，A处极值位于有用光条。光条中心定义为光条上各点沿其法线方向的灰度极值点，光条中心表征截面轮廓信息。此外，在成像过程中因被测物体形状的不规则性和反射性的不一致、成像设备（一般为 CCD）的电噪声、热噪声、图像采集卡本身噪声、信号在电子线路中的传输等带来的随机噪声，会使得结构光图像更为复杂。因此需要对含有结构光条纹的图像进行一定的处理才能提取到有效的结构光条纹中心位置。

光条宽度约21像素

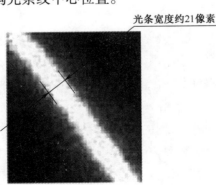

图 3-27　环形结构光光条图像局部

首先要通过图像滤波来滤除图像中存在的噪声信号,然后通过对滤波后的图像进行分割提取出环(弧)形光斑所在的区域(由于该区域含有有用环形光斑,被称为 ROI 区域,即感兴趣区域),然后根据 ROI 内光条的灰度分布,提取出环形光斑的中心线,最后对提取的环形光斑中心线进行处理后可以按照第 2 章介绍的方法进行内孔截面几何参数的计算。下面就上述过程作进一步的讨论。

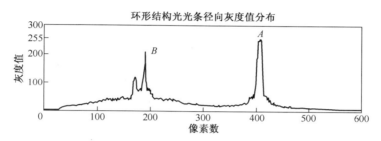

图 3-28　环形线结构光的光条灰度值沿径向分布曲线

3.4.2　线结构光图像的滤波

在获取的 CCD 原始图像中存在图像噪声,大部分的图像噪声都是由于敏感单元、传输通道、数量化等引入的,多半是随机噪声。噪声恶化了图像质量,甚至淹没特征,给分析带来困难。为了抑制噪声,通常选用低通滤波法,但由于边缘轮廓含有大量高频信息,所以在滤波的同时,必然使边界变模糊。反之,为了提升边缘轮廓,可以选用高通滤波法,但这样噪声也被加强了。所以,在选择滤波算法时要兼顾抑制噪声和保留细节两个方面[26]。中值滤波能够有效地滤除噪声,而且可以很好地保留图像中的目标边缘细节。

中值滤波是一种非线性平滑滤波方法[27,28],采用滤波窗口内所有像素的中值来代替中心像素的值,其主要过程实际上是对窗口像素灰度值的排序过程。但这种简单的排序过程使得滤波窗口内各点对输出的作用是相同的。由于在图像处理的过程中,有时需要强调中间或距中间点最近的几个点的作用,这时可采用加权中值滤波法(WMF)。

加权中值滤波[29]的基本原理是通过改变窗口中变量的个数,使一个或一个以上的变量等于同一点的值,然后对扩张后的数字集求中值。

输入向量 $X = [X_1, X_2, \cdots, X_N]$,相应于权值 $W = [W_1, W_2, \cdots, W_N]$(权

值为非负整数,表示对每个像素复制的次数,用它可表示滤波窗口中不同灰度像素的相对重要性),范围为 N 的加权中值滤波输出 γ 如下定义:

$$\gamma = \mathrm{med}[W_1 \diamond X_1, W_2 \diamond X_2, \cdots, W_N \diamond X_N] \tag{3-55}$$

式中:$\mathrm{med}[\ ]$ 表示中值操作;$\diamond$ 表示复制,即 $K \diamond X = \underbrace{X, \cdots, X}_{K次}$。这一滤波技术可描述为:对滤波窗口内的像素按像素灰度值大小排序,对每一像素 X,相应其权值 W 进行复制,从新的序列中选择中值作为输出。例如,对于大小为 3×3 的滑动窗口,若取权值 $W = [0,0,1,1,2,1,1,0,0]$,则表示分别对排序后的第 3 位、第 4 位、第 6 位、第 7 位的像素复制 1 次,对第 5 位的像素复制 2 次,而对第 1 位、第 2 位、第 8 位、第 9 位的像素没有进行复制(这表示在滤波过程中这些像素值不起作用),然后对复制后的像素集求中间值。进行这样的加权中值滤波后,强调了灰度值处于中间值的像素点,滤除了灰度值过大或过小的噪声点。

该滤波方法如果适当地选取窗口内各点的权值,比标准中值滤波能更好地从受噪声污染的图像中恢复出阶跃边缘以及其他细节。由于加权中值滤波技术可通过设置不同权值形成具有不同特性的滤波器,从而产生不同的滤波结果,比标准中值滤波有更大的灵活性。

加权中值滤波在消除图像噪声的同时很好地保留了图像中的阶跃边缘及其他细节,对后续光条中心的识别及几何参数计算奠定了基础。

3.4.3　感兴趣区域的设定

感兴趣区域(ROI)在整个 CCD 图像中只占一小部分,但却含有全部的有用光条信息,在系统进行进一步的图像处理之前,若先选出 ROI,并且使得后续的处理均针对此区域进行,则既可以去除掉系统噪声,又可以减少图像算法处理的数据量,提高算法的效率,满足测量的实时性要求。实验表明,采用线结构光测量头装置测量时,当被测孔腔径向深度 R 变化范围为 $\pm 5\%$ 时,图像的 ROI 面积不超过图像总面积的 5.2%。因此,有必要通过设定合理的 ROI 对算法进行优化。

由于被测孔类零件的特点,图 3-26 中的截面轮廓曲线均为近似的圆形或弧形,该轮廓曲线的内部和外部均为无效信息区域。同时由于各种因素的影响,在无效信息区域当中存在不同形式的亮斑。这些无效信息区域不仅增加了系统计算的负担,同时增加了算法实现的难度。根据图像中截面轮廓的特点,可以设定由两个半径不同的同心圆(圆弧)生成 ROI,截面轮廓内的有用信息都包含在 ROI 内。图 3-29 显示了图 3-26 中各个图设定的 ROI,图 3-29(a)是为环形线结构光测量头装置获得的火炮身管内腔截面图像设定的 ROI,图 3-29(b)是为环形线结构光测量头装置获得的光孔内腔截面图像设定的 ROI,图 3-29(c)是为弧形线结构光测量头装置获得的火炮身管内腔截面图像设定的 ROI。设定了 ROI 后,后续的所有算法只对该区域范围内的数据起作用。

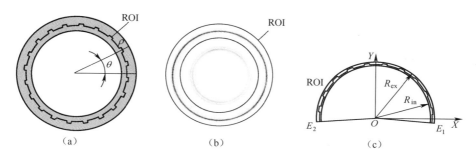

图 3-29　图像 ROI 设置原则

在实际的测量过程中,线结构光测量头装置在驱动机构的带动下沿孔的轴线运动,当孔的截面直径发生变化时,其图像的大小也会同时发生变化。因此,对于变直径的孔类结构,不能采用固定大小的 ROI,需要根据当前图像实时调整下一幅图像的 ROI。设当前截面的计算半径为 R_d,则重新设定 ROI 大小圆的半径为 $R_d+\Delta$、$R_d-\Delta$,生成新的 ROI,Δ 的值根据截面实际形状设定。当孔的半径变化比较缓慢时,可以保证新生成的 ROI 包含下一个采样截面的轮廓曲线。通过这种动态修改 ROI 的方法,保证传感器沿轴向采样的过程中始终能够得到正确的截面数据。

图 3-29 中设定 ROI 的过程实际上就是进行图像分割的过程。根据被测孔腔的特点,可以采用手工方法和自动方法设定 ROI,前者适用于孔腔直径变化不大的情况,后者适用于一般情况。最简单的图像自动分割方法[30]是采用对比度、边缘、灰度检测的方法,这些方法利用了前景与背景的灰度变化来进行分割,但由于测量系统中存在噪声、光照不均匀等因素的影响,其对比特征并不明显,因此上述算法不适宜使用。采用灰度直方图统计的分割方法利用了图像整体的灰度特征,使得图像分割性能得到了很大程度的改进,特别是 1980 年由日本的大津展之提出的最大类间方差动态阈值图

像分割方法,使图像分割的效果得到了明显的提高,但这种算法的计算量非常大。合理的 ROI 能够提高信噪比,简化光条中心提取算法与提高图像处理速度。

1. 手工设定 ROI

由图 3-29 可知,ROI 是由其圆心坐标和内外圆(弧)半径确定的,因此,确定 ROI 的前提就是确定其圆(弧)心和内外圆(弧)半径。考虑系统的构成,线结构光测量头装置沿被测孔腔轴向做一维直线运动,测量头装置与孔在径向上的相对位置基本不变,在孔内径变化不大的前提条件下,光条圆(弧)心变化范围很小。这种情况可以通过手工方式确定 ROI,方法如图3-30 所示。

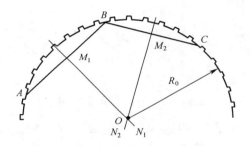

图 3-30 手工确定 ROI

光条上任意三点 $A(x_1,y_1)$、$B(x_2,y_2)$ 和 $C(x_3,y_3)$ 不重合且非共线,$\{A,B,C\} \subset \{R_{mas}\}$ 或 $\{A,B,C\} \subset \{R_{fem}\}$,$\{R_{mas}\}$ 为阳线圆上图像,$\{R_{fem}\}$ 为阴线圆图像。线段 AB 的斜率可表示为 $K_1 = (y_2 - y_1)/(x_2 - x_1)$,线段 AB 的中心点 $M_1(x_{m1},y_{m1})$ 坐标为 $x_{m1} = (x_1 + x_2)/2$,$y_{m1} = (y_1 + y_2)/2$,过 M_1 点与线段 AB 相垂直的直线 M_1N_1 方程为

$$y = -\frac{1}{K_1}(x - x_{m1}) + y_{m1} \tag{3-56}$$

同理,过线段 BC 的中心点 $M_2(x_{m2},y_{m2})$,且与线段 BC 相垂直的直线 M_2N_2 方程为

$$y = -\frac{1}{K_2}(x - x_{m2}) + y_{m2} \tag{3-57}$$

K_2 为直线 M_2N_2 的斜率,求解方法与前述方法相同。联立求解式(3-56)与式(3-57)得到 M_1N_1 与 M_2N_2 交点 $O(x_c,y_c)$,即为 ROI 圆(弧)心,ROI 的

一个半径 R_1 为

$$R_1^2 = (x_1 - x_c)^2 + (y_1 - y_c)^2 \qquad (3\text{-}58)$$

可以用同样的方法求取多个弧心坐标 $O(x_c, y_c)$ 和半径 R_1，然后取其均值，这样可以减少偶然因素带来的粗大误差。

假设 $\{A, B, C\} \subset \{R_{mas}\}$，则 R_1 是 ROI 内部的圆（弧），在 $\{R_{fem}\}$ 上任意取几个点，计算这些点跟 $O(x_c, y_c)$ 的距离平均值作为 ROI 外部的圆（弧）半径 R_2。为了保证截面轮廓完全被包括在 ROI 内，需要将 R_1 减少一个调整量 Δ，将 R_2 增加一个调整量 Δ。

手工设定 ROI 的方法适用于孔内径变化不大的情况，效率较低，当孔径变化较大，需要动态调整 ROI 时，需要采用自动设定方法。

2. 改进自适应遗传算法设定 ROI

基于改进自适应遗传算法的 ROI 设定是一种自动方法。遗传算法[31]是由美国密歇根大学的 Holland 教授及其学生受到生物模拟技术的启发，创造出的一种基于生物遗传和进化机制的适合于复杂系统优化的自适应概率优化技术。M. Srinivas 提出的自适应遗传算法[32]，以个体为单位改变交叉概率 p_c 和变异概率 p_m，缺乏整体的协作精神，在某些情况下不易跳出局部最优解；且对每个个体都要分别计算 p_c 和 p_m，会影响程序的执行效率。本书采用改进的自适应遗传算法[33]，根据适应度集中程度，自适应地变化整个群体的交叉概率 p_c 和变异概率 p_m，采用群体的最大适应度 fit_{max}、最小适应度 fit_{min}、适应度平均值 fit_{ave} 这 3 个变量来衡量群体适应度的集中程度。

但是运用自适应遗传算法的一个实际问题是，交叉概率和变异概率可能在某些时候变得很大，从而破坏较好的个体，本书采取最优保存策略[34]保留最优个体，即将每一代遗传操作后产生的新一代群体的最高适应值与上一代群体的最高适应值做比较，如果小于上一代的最高适应值，就随机淘汰新一代中的一个个体，把上一代中具有最高适应值的个体加入到新一代中。最优保存策略可保证当前的最优个体不会被交叉、变异等遗传运算破坏，这是改进自适应遗传算法收敛性的一个重要保证条件。

运用自适应遗传算法设定 ROI 的具体步骤如下：

（1）编码。由于测量系统获取的图像具有 256 个灰度级，因此，将灰度分割阈值编码为一个 8 位的 0、1 二进制码串。在 $(0, 255)$ 内随机产生 $N = 40$ 个灰度阈值，分别按二进制编码，作为初始种群。

（2）计算群体中各个体的适应度。适应度函数选取为 Otsu 提出的准则函数 $\text{fit}(t)$[35]，即采用最大类间方差法，$\text{fit}(t)$ 的值越大，表示分割的质量越好。

$$\text{fit}(t) = \omega_1(t) \times \omega_2(t) \times (u_1(t) - u_2(t))^2 \qquad (3-59)$$

式中：t 为 0~255 之间的一个候选阈值；$\omega_1(t)$ 为像素灰度值在 t 以下的像素数目；$\omega_2(t)$ 为像素灰度值在 t 以上的像素数目；$u_1(t)$ 为像素灰度值在 t 以下的所有像素的平均灰度值；$u_2(t)$ 为像素灰度值在 t 以上的所有像素的平均灰度值。

（3）对群体应用改进自适应遗传算法，产生新一代群体。其中交叉概率 p_c 为 0.9，变异概率 p_m 为 0.02，并采用最优保存策略保留最优个体。

（4）判定。当迭代次数达到 30，或者 5 代未进化就认为得到了最优阈值，跳出遗传算法，否则转向步骤（3）。

（5）分割。根据得到的最佳阈值 t 将结构光条分割出来，图像中小于阈值 t 的像素被赋予零灰度，大于阈值 t 的像素仍保持原有灰度。

与基本遗传算法相比，由于该算法综合考虑了"快速收敛"和"全局最优"这两个要求，因此，它不仅能得到较佳的阈值，而且基本保持了遗传算法较快的运算速度。实验表明，该方法能有效地分割出环形光斑。

3.4.4　线结构光光条中心提取原理

1. 线结构光光条中心提取的一般方法

图 3-31 是理想的线结构光条纹截面光强（灰度）分布图，呈高斯分布[36]。图中 C 处具有最大的光强值，即为线结构光条纹中心。高斯曲线的代数表达式为

$$I(x) = A \frac{1}{\sqrt{2\pi}\,\sigma} e^{-\frac{(x-u)^2}{2\sigma^2}} \qquad (3-60)$$

式中：$I(x)$ 为光强；A 为幅值，表示曲线的高度；σ 为标准差，代表曲线的跨度；u 为均值；x 为像素列。确定 C 点位置的常用方法有极值法、阈值法、重心法等[37-39]。它们的共同特点是速度快但精度较低，且都没有考虑噪声的影响，实际上，噪声的影响是非常严重的。

图 3-32 显示出了噪声对线结构光条纹中心提取的影响。图 3-32(a) 所示的噪声对极值法（即求出光强极大值作为线结构光条纹中心）的影响是

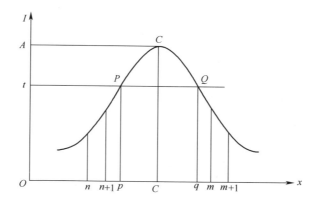

图 3-31　理想线结构光条纹光强的高斯分布曲线

必然的。C 点为理想的光强中心点,由于噪声 P 的影响,位置 c 偏移至 c' 处,产生误差 Δc。若噪声较多而使信号严重失真,则 C 点位置更加难以确定。

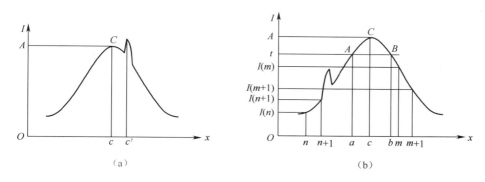

（a）　　　　　　　　　　（b）

图 3-32　噪声对线结构光条纹中心提取的影响
(a)极值法;(b)阈值法。

阈值法如图 3-32(b),设阈值 t 与曲线交于 A、B 两点,由线性插值可求得 A、B 对应的位置 a、b 如下:

$$a = n + \frac{t - I(n)}{I(n+1) - I(n)} \, , \, b = m + \frac{t - I(m)}{I(m+1) - I(m)} \quad (3-61)$$

式中:$I(n)$、$I(m)$ 分别为第 n 列和 m 列的光强。

则阈值法认为光条中心位置:

$$c = (a + b)/2 \quad (3-62)$$

阈值法速度快,但精度差,只适用于对位置的粗略估计,噪声较多而使信号严重失真时,阈值法效果更差。

重心法首先采用极值法找到最大值位置 $Y_{\max}$，然后取此位置左右各 k 点，求这 $2k+1$ 点的重心 C 即认为是线结构光条纹中心：

$$C = X_{\max} - k + \sum_{X_{\max}-k}^{X_{\max}+k} I(n)(n - X_{\max} + k) / \sum_{X_{\max}-k}^{X_{\max}+k} I(n) \qquad (3-63)$$

式中：$I(n)$ 为 n 列的光强。重心法精度较高，但由于它是在极值法的基础上的改进方法，故它对噪声也较为敏感。

2. 复合法提取结构光条纹中心

传统的重心法先通过极值法找到光条上灰度值最大的位置，沿着图像的列（或行）方向左右各取 k 个点，求这 $2k+1$ 个点的灰度重心。对于形状复杂的光条，曲率变化大，存在多值现象，使用传统的灰度重心法计算光条中心带来很大误差。本书提出一种光条中心复合提取算法，将形态学细线化与灰度重心法相结合提取亚像素级光条中心坐标位置。根据 ROI 内图像的灰度分部特点，对其进行二值化形态学处理，然后提取细线化光条 S，细线化是对二值图像的一种形态学处理方法，图像细线化后得到光条芯线，是没有孔洞的、宽度为一个像素的连通域，芯线位置在光条中轴附近。细线化原理决定了芯线分辨力不会超过一个像素。通过最小二乘法拟合获取光条弧心 $O(x_c, y_c)$，$O(x_c, y_c)$ 与细线化光条 S 上的点连线方向作为光条中心线上各点的法线方向，并沿法线方向应用灰度重心法提取光条中心的亚像素坐标位置，具体步骤如下：

（1）对 ROI 内图像进行二值化形态学处理，利用细线化方法对二值图像的光条中心线进行像素级拓扑结构提取，记作 S，并利用光条拓扑结构获取约 1 个像素精度的光条弧心坐标 $O(x_c, y_c)$，为灰度重心法的应用创造前提条件。

细线化要满足以下要求：①细线化后光条宽度为 1 个像素，并能够显示光条像素级拓扑结构；②细线化后图像连通性保持不变，不能出现孔、点的新生或消失现象；③细线化后仍保留光条端点，亦即必须有芯线退缩终止条件；④处理速度快[40]。

细线化的算法有很多，如并列型算法、逐次型算法及综合型算法。并列型算法在线宽为 2 时可能会把整条线消去，而逐次法受扫描方向的影响很大，在此采用综合型算法。该算法由两步完成以避免出现断线现象。第一步是正常的腐蚀算法，但仅对去除点作标记处理并不真正去除；第二步，将第一步中不影响连通性的点消除,否则将予以保留[41]。

细线化算法具有很强的去噪声能力,细线化与提取骨架[42](亦称为中轴变换或焚烧草地技术)相比较,细线化产生的毛刺少,甚至于没有毛刺,利于剪枝处理。

S 是光条的像素级拓扑结构,利用 S 上的全部点进行最小二乘拟合获得光条圆(弧)心 $O(x_c, y_c)$ 与拟合半径 R_{fit},目标函数为

$$\Phi(x_c, y_c, R_{fit}) = \min\left[\sum_{i=1}^{N}\left(\sqrt{(x_i - x_c)^2 + (y_i - y_c)^2} - R_{fit}\right)^2\right]$$

$$(3-64)$$

最优参数 x_c, y_c, R_{fit} 值使式(3-64)目标函数 $\Phi(x_c, y_c, R_{fit})$ 取得最小值,$O(x_c, y_c)$ 与 R_{fit} 考虑了光条的全局特性。

(2)灰度重心法提取光条中心。通过步骤(1)得到圆形光条纹较精确的圆心坐标,再通过圆心向外作射线可以得到光条纹上任意位置的近似法线方向,计算射线上与 ROI 内圆和外圆交点间所有像素的灰度重心,可以得到该射线上的光条中心点坐标。以等角度间隔作多条射线可以得到多个光条中心点。角度间隔越小,各个光条中心点的连线越接近实际轮廓形状。

如图 3-33 所示,假设在 ROI 内沿圆周方向刻画了 N 条射线,相邻两条射线的角度间隔 $\Delta\theta$ 是固定的,θ_0 是第一条射线所在的方向角,第 j 条射线的方向角 $\theta_j = \theta_0 + (j-1) \times \Delta\theta (j = 1, \cdots, N)$,与 ROI 内、外圆的交点为 P_{j0}、P_{jm}。假设对线段 $P_{j0}P_{jm}$ 段进行 m 等份划分,即在第 j 条射线上确定了 $m+1$ 个属于结构光条纹的像素点,每个像素点 P_{ji} 的极坐标记为 (ρ_{ji}, θ_{ji}),直角坐标记为 (x_{ji}, y_{ji}),灰度值记为 h_{ji},则 P_{j0}、P_{jm}、$P_{ji}(i = 0, 1, \cdots, m)$ 点直角坐标可表示为

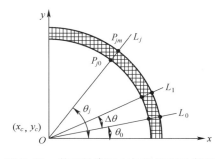

图 3-33　截面轮廓径向扫描原理示意图

$$\begin{cases} x_{j0} = x'_c + R_1 \cdot \cos(\theta_j) \\ y_{j0} = y'_c + R_1 \cdot \sin(\theta_j) \end{cases} \qquad (3-65)$$

$$\begin{cases} x_{jm} = x'_c + R_2 \cdot \cos(\theta_j) \\ y_{jm} = y'_c + R_2 \cdot \sin(\theta_j) \end{cases} \qquad (3-66)$$

R_1 和 R_2 是 ROI 的内、外圆半径,对线段 $P_{j0}P_{jm}$ 进行 m 等份划分,$P_{ji}(i=0,1,\cdots,m)$ 点坐标可表示为

$$\begin{cases} x_{ji} = x'_c + \rho_{ji}\cos(\theta_j) = x_{j0} + i \cdot \dfrac{x_{jm} - x_{j0}}{m} \\ y_{ji} = y'_c + \rho_{ji}\sin(\theta_j) = y_{j0} + i \cdot \dfrac{y_{jm} - y_{j0}}{m} \end{cases} \qquad (3-67)$$

由式(3-67)确定的点 $P_{ji}(x_{ji},y_{ji})$ 通常不在像素点上,因此,这些点灰度值 $h_{ji}(i=0,1,\cdots,m)$ 要通过插值计算得到。常用的插值方法有最近邻法插值,双线性插值及双三次插值[41]。最近邻法插值,把该像素点所在位置处灰度值做为输出,插值后图像块状效应较为严重,频域特性差,频谱旁瓣大;双三次插值输出像素是输入像素上 4×4 邻域的权平均值,插值后图像有较好的频谱特性,插值效果较好,没有明显块状效应,但计算量大速度慢;双线性插值输出像素灰度值为输入像素 2×2 邻域均值。双线性插值优点是频谱的旁瓣远小于主瓣,带阻特性较好,速度适中;缺点是仍有大量高频成分混入通频带,存在频谱混叠现象,因此插值后的图像会损失一些细节,出现边缘模糊。基于对响应速度与精度的考虑,本书采用双线性插值算法,其原理如图 3-34 所示。

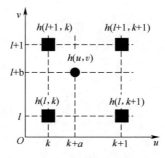

图 3-34　双线性插值法计算灰度值

将点 $P_{ji}(x_{ji},y_{ji})$ 转换到像平面坐标系,记点 $P_{ji}(x_{ji},y_{ji})$ 在像平面上的坐

标为 $p_{ji}(u,v)$，假设 p 位于 l、$l+1$ 行，k、$k+1$ 列相交的四个交点内任意位置，四个交点的灰度分别记为 $h(l,k)$、$h(l+1,k)$、$h(l,k+1)$ 和 $h(l+1,k+1)$，利用双线性灰度插值计算 h_{ji} 的公式为

$$h_{ji} = (1-a)(1-b) \times h(l,k) + b(1-a) \times h(l+1,k) +$$
$$a(1-b) \times h(l,k+1) + ab \times h(l+1,k+1) \tag{3-68}$$

式中：$l = \mathrm{round}(u)$，$k = \mathrm{round}(v)$，$\mathrm{round}(u)$ 和 $\mathrm{round}(v)$ 表示对 u 和 v 取整；$a = u - k, b = v - l$。

第 j 条刻画线上的光条灰度重心计算如下：

$$\begin{cases} x_G(j) = \displaystyle\sum_{i=0}^{m} (x_{ji} - x_c) h_{ji} \Big/ \sum_{i=0}^{m} h_{ji} + x_c \\ y_G(i) = \displaystyle\sum_{i=0}^{m} (y_{ji} - y_c) h_{ji} \Big/ \sum_{i=0}^{m} h_{ji} + y_c \end{cases}, \quad j = 1,2,\cdots,N \tag{3-69}$$

沿光条各点的法线方向所提取的灰度重心为亚像素光条中心，由于像素点坐标只能用整数表示，当亚像素点坐标为非整数值时，也需要通过双线性插值对各灰度重心取整。

图 3-35(a) 为环形线结构光测量头装置获取的 ROI 内的环形光斑图像，图 3-35(b) 为光斑局部图像，图 3-35(c) 为采用复合法提取的局部亚像素光条中心线，各图均经过反色处理。

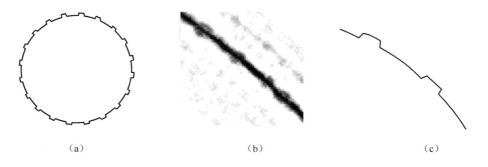

(a)　　　　　　　　　　　　(b)　　　　　　　　　　　　(c)

图 3-35　环形光斑图像及光条中心
(a)环形图像；(b)局部光斑图像；(c)局部光条中心线。

将形态学细线化方法与灰度重心法有机结合，可以充分发挥各自优势。细线化获取光条芯线，从而确定弧心坐标 $O(x_c,y_c)$ 位置，为灰度重心法的应用奠定了基础；利用圆弧的固有属性，光条纹的法线方向明确，不需要作曲线拟合求曲率变化，因此运算速度快，同时也克服了重心法对方向的敏感

性;多个像素共同参与运算,光条上的噪声影响小,可靠性高;因此该方法适用于弧状、圆环状光条中心的提取。

利用上述算法得到光条中心后,可以参考第 2 章有关内容完成数据处理、分段和内孔几何参数计算。

参 考 文 献

[1] 魏振忠,张广军,徐园. 一种线结构光传感器标定方法[J]. 中国机械工程学报,2005,41(2):210-214.

[2] Wang Zongyi,Li Hongwei,Li Dianpu,et al. A direct calibration method for structured light[J]. Proceedings of the IEEE International Conference on Mechatronics & Automation,2005,3:1283-1287.

[3] Xie Kai,Liu Wanyu,Pu Zhaobang. The hybrid calibration of linear structured light system[J]. IEEE International Conference on Automation Science and Engineering,2006:611-614.

[4] Sansoni G,Carocci M,Rodella R. Calibration and performance evaluation of a 3-D imaging sensor based on the projection of structured light[J]. IEEE Transactions on Instrumentation and Measurement,2000,49(3):628-636.

[5] Li Y F,Chen S Y. Automatic recalibration of an active structured light vision system[J]. IEEE Transactions on Robotics and Automation,2003,19(2):259-268.

[6] Zhang Song,Huang Peisen S. Novel method for structured light system calibration[J]. Optical Engineering,2006,45(8):083601-083608.

[7] Gao Wei,Wang Liang,Hu Zhanyi. Flexible method for structured light system calibration[J]. Optical Engineering,2008,47(8):083602-083610.

[8] 冯忠伟,徐春广,冷惠文,等. 圆结构光传感器标定方法[J]. 北京理工大学学报,2009,29(9):780-784.

[9] Weng J,Cohen P,Herniou M. Camera calibration with distortion models and accuracy evaluation[J]. Transactions on Pattern Analysis and Machine Intelligence,1992,14(10):965-980.

[10] Labuz J,Thaker M,Venkateswaran B. Decomposition of the camera calibration matrix. Proceedings of twenty-third southeastern symposium on system Theory[C],IEEE 1991:89-93.

[11] Lenz R K,Tsai R Y. Techniques for calibration of the scale factor and image center for high accuracy 3-D machine vision metrology[J]. Transactions on Pattern Analysis and Machine Intelligence,1988,10(5):713-720.

[12] Tsai R Y. A versatile camera calibration technique for high-accuracy 3D machine vision metrology using off-the-shelf TV cameras and lenses[J]. IEEE Journal of Robotics and Automation,1987,3(4):323-344.

[13] Zhang Z. A flexible new technique for camera calibration[J]. Transactions on Pattern Analysis and Machine Intelligence,2000,22(11):1330-1334.

[14] 毛剑飞,邹细勇,诸静. 改进的平面模板两步法标定摄像机[J]. 中国图象图形学报,2004,9(7):

846-852.

[15] Zhou Shiyuan, Gao zhuo, Feng Zhongwei. Two-stage Camera Calibration Method using in Length Measurement with Machine Vision Tech. Second TIT-BIT Joint Workshop on mechanical Engineering[C], 2007: 192-196.

[16] 李海滨, 郝向阳. 一种基于基本矩阵的相机畸变差自动校正方法[J]. 中国图象图形学报, 2008, 13(11):2081-2086.

[17] 徐培全. 基于环形激光视觉的焊缝 3D 建模与跟踪[D]. 上海:上海交通大学, 2006.

[18] Http://www.Stockeryale.Com/l/Lasers/Glossary.Htm.

[19] 郑军, 王信义, 等. 火炮身管膛线参数检测技术研究[J]. 机械, 2002, 29(3):71-74.

[20] 郑军, 徐春广, 等. The theory study of the deep hole measurement device's spatial position and attitude detection [A]. The 3rd China-Japan Symposium on Mechatronics [C]. 武汉, 2002.

[21] 朱文娟, 徐春广, 周世圆. 深孔内轮廓尺寸光学测量系统, 机械工程学报, 2006, 5:201-204.

[22] 冯忠伟, 徐春广, 肖定国, 等. 基于圆结构光和 LED 照明结合的三维检测技术[J], 光学技术, 2009, 35(2):265-268.

[23] 朱文娟. 复杂深孔几何参数图像法测量技术研究[D]. 北京:北京理工大学, 2008.

[24] 冯忠伟, 徐春广, 冷惠文, 等. 圆结构光传感器标定方法. 北京理工大学学报, 2009, 29(9):780-784.

[25] 冷惠文, 徐春广, 肖定国, 等. 基于线结构光的复杂深孔内轮廓三维测量方法 2013, 3(2):139-143.

[26] 李月景, 等. 图像识别技术及应用[M]. 北京:机械工业出版社, 1985.

[27] Davies E R. Machine vision:theory, algorithms, practicalities[M]. London:Academic Press, 1997.

[28] Pitas I, Venetsanopou A. Nonlinear digital filters:principles and application[M]. Norwell:Kluwer, Academic Publishers, 1990.

[29] 刘丽梅, 孙玉荣, 李莉. 中值滤波技术发展研究[J]. 云南师范大学学报, 2004, 24(1):23-27.

[30] Milan Sonka, Vaclav Hlavac, Roger Boyle. Image processing, analysis, and machine vision[M]. Beijing:Posts & Telecom Press, 2002.

[31] 雷英杰, 张善文, 李续武, 等. MATLAB 遗传算法工具箱及应用[M]. 西安:西安电子科技大学出版社, 2005.

[32] Srinivas M, Patnaik L M. Adaptive probabilities of crossover and mutation in genetic algorithm[J]. IEEE Trans on Systems Man and Cybernetics, 1994, 24(4):656 -667.

[33] 王蕾, 沈庭芝, 招扬. 一种改进的自适应遗传算法[J]. 系统工程与电子技术, 2002, 24(5):75-78.

[34] Jong K A D. An analysis of the ehavior of a class of genetic adaptive systems[D]. Michigan:University of Michigan, 1975.

[35] Otsu N. A threshold selection method from gray-level histograms[J]. IEEE Transactions on System Man and Cybernetics, 1979, 9(1):62-66.

[36] 艾勇. 最新光学应用测量技术[M]. 武汉:测绘科技大学出版社, 1994.

[37] Imshenetskiy A I. The influence of the image noises on error of laser beam center determination[J]. Proceedings of SPIE, 2005, 5447:143-150.

[38] 邓春梅, 王平江. 基于图像处理的激光条纹中心实时滤波算法. 华中理工大学学报, 1999, 27(8):

10-12.

[39] 吴剑波,崔振,赵宏,等. 光刀中心自适应阈值提取法[J]. 半导体光电,2001,22(1):62-64.

[40] 石晶合,谭光宇,李广慧,等. 结构光测量中强噪声干扰条纹图像的处理[J]. 哈尔滨理工大学学报,2005,10(6):106-108.

[41] Kenneth R C. 数字图像处理(影印版)[M]. 北京. 清华大学出版社. 2003.

[42] 李劝男. 灰度图像骨架的提取及在物体检测中的应用[D]. 武汉:华中科技大学. 2009.

第4章 内孔疵病特征的面结构光测量原理

火炮身管等一些复杂深孔在加工过程中可能存在气孔、裂纹、夹渣等疵病[1]；在使用过程中，其内部可能存在腐蚀、变形、烧蚀、磨损、裂纹、阳线断脱、挂铜与锈蚀等疵病[1-3]。这些疵病对火炮性能(如精度、初速、射程、寿命等)有影响，也关系到火炮在使用过程中的安全性和可靠性。因此在火炮身管加工后和使用后都要对其内膛状态进行检测。基于图像的疵病测量方法可分为二维测量法、三维测量法与复合测量法。二维测量法的基本原理是采用 CCD 相机通过光学系统对火炮身管内膛表面成像，对二维图像进行分析处理，实现对疵病的测量。三维测量法指的是采用立体机器三维视觉方法和结构光三维测量法，获取火炮身管内膛表面上各点的三维坐标数据，并根据这些数据进行疵病测量。复合测量法将形象直观的二维图像与孔腔内轮廓三维信息有机结合起来，对孔腔内疵病进行测量。本章介绍的内孔疵病面结构光测量技术是一种二维测量法，采用 LED 平面结构光测量头装置获取内孔表面图像，然后通过对图像的变换、去噪及拼接等操作，进行疵病的提取、标记、特征计算和分类，最后实现对深孔内表面各种疵病的轴向位置、周向位置、面积、表面颜色及纹理等进行测量。

4.1 内孔表面特征的面结构光测量原理

4.1.1 内孔表面特征的面结构光测量装置与工作原理

1. 测量头装置基本结构

在深孔内表面特征测量中，光源的选取和设置是一项关键技术。光源的性能主要包括光照角度和光强分布等，选择合理的光照角度可以达到最佳的成像效果，均匀的光强分布有利于降低图像中的干扰因素，降低信息提取难度，提高信息提取精度，同时能够降低相邻图像匹配的难度，提高匹配精度。本章介绍的面结构光内孔表面特征测量方法[4-6]，采用 LED 光源照明方式，选择的 LED 发光管为散射型，发光角度（光线散射角度）为 120°，在圆台形基座上均匀布置若干组发光二极管，确保每个二极管的光轴同孔轴线成近似 45°夹角，采用这种照明方式可以保证孔内表面上一段圆柱面处于较好成像状态。测量头装置的 LED 光源和 CCD 相机仍然采取"同轴型"布置方式，其基本结构如图 4-1 所示。

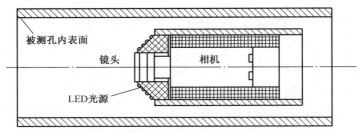

图 4-1　面结构光内孔表面特征测量头装置基本结构

2. 测量原理

面结构光内孔表面特征测量头装置的 LED 光源对深孔内表面进行整周照明，由 CCD 相机获取一段圆柱面内孔的表面图像，图 4-2 所示为用面结构光测量头装置获取的一幅内孔表面特征图像，图中环线 1 和环线 2 所包围的区域称为 ROI 区域，该区域对应一段轴向火炮身管，ROI 内任意一点的成像原理如图 4-3 所示。

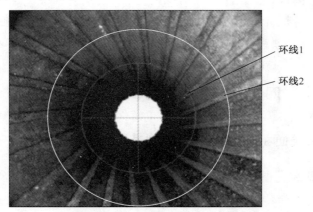

图 4-2　面结构光测量头装置获取的火炮身管内表面图像

图 4-3 中各个坐标系及基本参数的定义同图 3-10，由于面结构光与 CCD 相机安装在同侧，因此面结构光与 CCD 相机共用一个坐标系

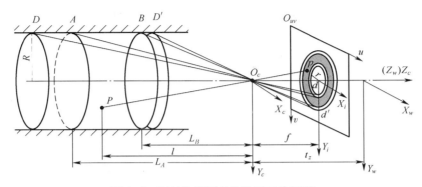

图 4-3　面结构光测量头装置工作原理

$O_c - X_c Y_c Z_c, t_z$ 表示 $O_c - X_c Y_c Z_c$ 坐标系相对于 $O_w - X_w Y_w Z_w$ 坐标系的 Z 轴方向偏移量,表征传感器的轴向运动量。$O_w - X_w Y_w Z_w$ 坐标系与 $O_c - X_c Y_c Z_c$ 坐标系之间的旋转矩阵 $\mathbf{R}$ 为 3×3 单位阵,平移矩阵 $T = [0, 0, t_z]^T$。受 CCD 相机成像视场限制,成像平面上的成像范围为孔腔内表面的 $D - D'$ 长度圆柱段,由于采用同轴安装方式,D 截面物距较大,所成像靠近相机主点,像素半径小,分辨力低;D' 截面物距较小,所成像远离相机主点,虽然像素半径值大,分辨力较高,但由于远离相机主点,图像经畸变校正后仍会存在一定的残留畸变。因此,选 $A-B$ 范围的内孔圆柱面为 ROI 区域,对应成像平面为 $a-b$ 间的圆环面,该区域的图像有适中的分辨力及较小的畸变,如果把 $A-B$ 段圆柱面看作一个一个截面圆沿轴向叠加而成,则每一个截面圆都在成像平面上形成一个圆,从 B 截面圆到 A 截面圆在成像平面上形成了由外到内的一系列同心圆,A 截面远离成像面,对应的图像是图 4-2 的内侧环线 1,图像灰度值低;B 截面靠近成像平面,对应的图像是图 4-2 的外侧环线 2,图像灰度值高。$A-B$ 段圆柱面上任一点的世界坐标 $P(x_w, y_w, z_w)$ 与像点坐标 $p(x_i, y_i,)$ 和像素坐标 $p_{uv}(u, v)$ 的关系如下:

$$\begin{cases} -l \cdot \begin{bmatrix} x_i \\ y_i \\ 1 \end{bmatrix} = \begin{bmatrix} f_x & 0 & 0 & 0 \\ 0 & f_y & 0 & 0 \\ 0 & 0 & 1 & t_z \end{bmatrix} \begin{bmatrix} x_w \\ y_w \\ z_w \\ 1 \end{bmatrix} \\ \\ \begin{bmatrix} u \\ v \\ 1 \end{bmatrix} = \begin{bmatrix} 1/d_x & 0 & u_0 \\ 0 & 1/d_y & v_0 \\ 0 & 0 & 1 \end{bmatrix} \cdot \begin{bmatrix} x_i \\ y_i \\ 1 \end{bmatrix} \end{cases} \tag{4-1}$$

式中:f_x、f_y 表示相机焦距;d_x、d_y 表示相机单个像元 x、y 向尺寸;(u_0,v_0) 为相机镜头光心主点坐标;(u,v) 为像点的像素坐标。

令 $f_x = f_y = f$,$d_x = d_y = d_r$,则 $x_i^2 + y_i^2 = r^2$,$x_w^2 + y_w^2 = R^2$,带入式(4-1)可得

$$\frac{l}{f} = \frac{R}{r} = \frac{R}{\sqrt{(u-u_0)^2 + (v-v_0)^2}\, d_r} = \frac{R}{r_e d_r} \tag{4-2}$$

这里 R 为被测孔实际半径(mm),随着 $P(x_w, y_w, z_w)$ 点位置的变化而变化,R 值通过第 3 章线结构光测量头装置获取,为已知量;r 为像点 $p(x_i, y_i)$ 的物理半径(mm),r_e 为像点 $p(x_i, y_i)$ 的像素半径(单位:像素)。

3. 测量分辨力分析

被测孔腔内表面轴向尺寸的变化对应像点在径向方向的变化,周向尺寸的变化对应像点在圆周方向的变化。假设 Δ_l、Δ_C 分别表示被测孔腔内表面轴向与周向尺寸分辨力,Δ_l 指图像上单位径向像素对应的孔腔内表面轴向长度,Δ_C 指图像上单位周向像素对应的孔腔内表面周向长度,被测孔腔内表面轴向与周向尺寸分辨力为

$$\begin{cases} \Delta_l = \dfrac{Rf}{r_e d_r} - \dfrac{Rf}{(r_e+1) d_r} = \dfrac{Rf}{r_e (r_e+1) d_r} \\[2mm] \Delta_C = R\Delta\theta = \dfrac{Rd_r}{r_e d_r} = \dfrac{R}{r_e} \end{cases} \tag{4-3}$$

可见,在被测孔的 R 固定,系统参数 f 和 d 不变时,Δ_l、Δ_C 只与像素半径 r_e 有关。若 $R = 70.00\text{mm}$,$d_r = 4.4 \times 10^{-3}\text{mm}$,$f = 3.5\text{mm}$,$\Delta_l$、$\Delta_C$ 与 r_e 之间关系如图 4-4 所示。

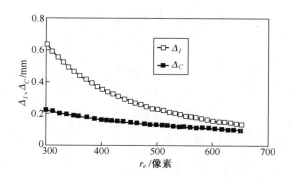

图 4-4　面结构光测量头装置 Δ_l、Δ_C 与像素半径 r_e 的关系

由图4-4可知,随着r_e值增大,Δ_l、Δ_c均非线性地减小,图像对孔腔内表面轴向长度与周向长度的分辨力有所增强。图4-4中,周向分辨力增强较少,而轴向分辨力增强较多。$r_e \in [400,650]$时,Δ_l由0.347mm增强至0.132mm,Δ_c由0.175mm增强至0.108mm。

由于系统采用短焦距定焦镜头,图像畸变主要为径向畸变,图像边缘畸变严重,尽管在对图像进行预处理之前已经先行对图像进行了畸变校正,但是由于数学模型存在误差,畸变校正只能减小畸变,不能完全消除畸变,因此ROI区域的选取应该尽量使r_e值较大,但又不能过于靠近图像边缘,以免受到图像径向畸变影响。

由式(4-2)可得,$r_e = Rf/d_r l$,带入式(4-3),可将Δ_l、Δ_c与像素半径r_e的关系转换为Δ_l、Δ_c与轴向位置l间的关系,即

$$\begin{cases} \Delta_l = \dfrac{l^2 d_r}{(Rf + l d_r)} \\[3mm] \Delta_c = \dfrac{l d_r}{f} \end{cases} \tag{4-4}$$

若$R = 70.00$mm,$d_r = 4.4 \times 10^{-3}$mm,$f = 3.5$mm,Δ_l、Δ_c与轴向位置l间的关系如图4-5所示。

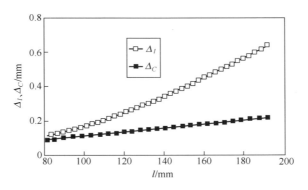

图4-5 面结构光测量头装置Δ_l、Δ_c与测量位置l的关系

由图4-5可知,随着l值增大,Δ_l、Δ_c均非线性地增大,即图像对孔腔内表面轴向方向与周向方向的分辨力降低,沿周向降低较少,沿轴向降低较多。$l \in [80,180]$(mm)时,Δ_l由0.115mm增大至0.580mm,Δ_c由0.101mm增大至0.226mm。

4.1.2　面结构光测量图像的展开变换

1. 图像变换

图 4-3 所示面结构光测量头装置中,相机与被测孔采用同轴安装方式,孔内一段圆柱面在相平面上呈现为圆环面图像,是存在几何变形的斜视图像。为了直观地表示孔腔内表面的状态,如疵病、纹理、颜色等特征,需对圆环面图像进行图像展开变换。图像展开变换的目的就是得到孔内表面的直观图像,为进一步分析处理提供基础。对一段深孔内表面的图像展开后得到一段展开图像,对各段展开图像拼接可得到整个深孔的内表面展开图像,孔腔内表面的状态测量是利用展开图像进行的。

假设 (u,v) 为原始图像坐标,(u',v') 为变换后图像坐标(单位也为像素),图像的变换关系为

$$h(u,v) = H(u',v') = H[\psi_1(u,v),\psi_2(u,v)] \qquad (4-5)$$

式中:H 表示输入图像;h 表示输出图像;坐标 (u,v) 表示空间变换前的坐标;坐标 (u',v') 表示空间变换后的坐标;$\psi_1(u,v)$ 与 $\psi_2(u,v)$ 分别表示图像的 u 和 v 坐标的空间变换函数,不同的 $\psi_1(u,v)$ 与 $\psi_2(u,v)$ 定义了不同的空间变换。

假设存在这样一种虚拟相机,其感光元件为圆柱面形式,将虚拟相机以同轴的方式放入孔内,则孔内一段圆柱面将在虚拟相机上形成一段圆柱面的虚拟图像,虚拟图像与被测内孔圆柱段在形状上是相似的,只是存在缩放比例 $k = \delta/d_r$。其中,δ 是无量纲的实数,表示将被测的内孔圆柱段进行 δ 倍缩放,k 表示将虚拟图像以像素为单位进行显示(这里假设虚拟图像的单个像素尺寸与实拍图像的单个像素尺寸一样,都为 d_r)。将被测内孔圆柱段沿母线剪开平铺后,得到一个实物长方形;将虚拟图像沿母线剪开平铺后就成为展开图像,展开图像是一个与实物长方形相似的长方形,如图 4-6 所示。

可见,虚拟图像的像点与被测内孔圆柱段上的点之间具有一一对应关系。另外,由图 4-3 和式(4-1)可知,相机实拍图像的像点与被测内孔圆柱段上的点之间也有一一对应关系,因此,实拍图像的像点同虚拟图像的像点间必然有确定的一一对应关系,这是面结构光测量图像展开变换的基础。被测内孔圆柱段展开图、虚拟图像展开图与实拍图像之间的对应关系如图4-7 所示。

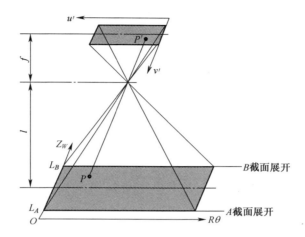

图 4-6　被测内孔圆柱段展开图与虚拟图像展开图的对应关系

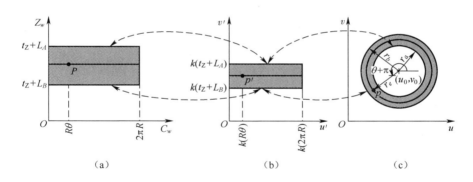

图 4-7　面结构光测量图像间对应关系

图 4-7(a)是被测内孔圆柱段的展开图像,横坐标 C_w 表示被测内孔圆柱段各条圆截面线上点的周向位置,粗水平线是 P 点所在截面圆的展开线,纵坐标 Z_w 表示被测内孔圆柱段各条圆截面线的轴向位置;图 4-7(b)是虚拟图像的展开图像,横坐标 u' 表示虚拟图像各条圆截面线上点的周向位置,与被测圆柱段上点的对应周向位置成比例 k,粗水平线是 P 点的像点 p' 点所在截面圆的展开线,纵坐标 v' 表示虚拟图像各条圆截面线的轴向位置,与被测圆柱段上对应截面圆的轴向位置成比例 k,k 的存在既保证了被测圆柱段与虚拟图像的相似性,又使得虚拟展开图像的大小可以自由定义,能更好地适应被测圆柱段的直径变化。图 4-7(c)是 CCD 相机的实拍图像的 ROI,由一族以 (u_0, v_0) 为圆心的同心圆环组成,r_a 与被测圆柱段远离镜头光心的一

端对应(A截面圆)，r_b与被测圆柱段靠近镜头光心的一端对应(B截面圆)，粗线圆是p点所在截面圆的像。

设内孔表面上介于A、B截面圆之间的任意一点P用柱坐标表示为$P(R,\theta,Z)$，其中R为P点的内孔半径，θ为P点与X_w轴之间的极角，Z为P点在世界坐标系的Z_w轴坐标。对应的实拍图像上的像点p用极坐标表示为$(r_e,\theta+\pi)$，用直角坐标表示为(u,v)，对应的展开图像上的像点p'用直角坐标表示为(u',v')，则有

$$\begin{cases} u = u_0 + r_e\cos(\theta+\pi) = u_0 - r_e\sin\theta \\ v = v_0 + r_e\sin(\theta+\pi) = v_0 - r_e\cos\theta \end{cases} \quad (4-6)$$

$$\begin{cases} u' = k(R\theta) \\ v' = k(l+t_z) \end{cases} \quad (4-7)$$

由式(4-7)可得$\theta = \dfrac{u'}{kR}$和$l = \dfrac{v'}{k} - t_z$，由式(4-2)可得$r_e = Rf/ld_r$，将θ、l、r_e带入式(4-6)，可得

$$\begin{cases} u = u_0 - r_e\sin\theta = u_0 - \dfrac{kRf}{(v'-kt_z)\mathrm{d}r}\sin\left(\dfrac{u'}{kR}\right) \\ v = v_0 - r_e\cos\theta = v_0 - \dfrac{kRf}{(v'-kt_z)\mathrm{d}r}\cos\left(\dfrac{u'}{kR}\right) \end{cases} \quad (4-8)$$

式中：f为CCD相机的镜头焦距，通过标定获得；R为被测内孔的半径，要事先通过其它测量方式(如前述的线结构光测量方式)获取；t_z表征测量头装置沿轴向(Z_w)的位置；k的取值与展开图像的分辨力有关，一般来说展开图像的最高分辨力不会超过原始图像的最高分辨力。由图4-5可知，L_B截面的分辨率最高，虚拟图像与实拍图像的单个像素尺寸相同时，k越大，展开图像尺寸越大，占用的系统内存增加，计算速度降低，当L_B截面展开图像的像素数超过原始图像ROI最外圆的像素数时，新增像素点需要通过插值方法填充进去，但这并不能提高图像分辨力，k越小，展开图像尺寸越小，占用的系统内存越少，计算速度提高，当L_B截面展开图像的像素数小于原始图像ROI最外圆的像素数时，需要对ROI最外圆的像素数重新进行采样，这又降低了展开图像的分辨力。要保证展开图像与原始图像具有相近的分辨力，需要L_B截面展开图像的像素数与原始图像ROI最外圆的像素数相等或接近，因此设定$k(R2\pi) = 2\pi r_b$，即$k = r_b/R$。

式(4-8)为成像平面坐标与展开图像坐标之间的几何变换关系,即 $h(u,v) = H(u',v')$,对于展开图像中的任意一个像素点 (u',v'),都可以通过式(4-8)计算出对应的实拍图像上的像素点 (u,v),(u',v') 的灰度值与 (u,v) 的灰度值一样。

2. 图像填充

展开图像的重建可以采用像素移交法和像素填充法两种方法,由于像素填充法具有较高的算法效率[7,8],所以本书采用像素填充法来实现深孔内表面展开图像的重建。像素填充法的原理是遍历展开图像中所有的像素点 (u',v'),根据式(4-8)计算对应的像素坐标值 (u,v),将该点的灰度值 $h(u,v)$ 赋予展开图像中的像素点 (u',v')。但由于坐标变换关系 $h(u,v) = H(u',v')$ 是一个实数域的变换,根据 (u',v') 计算出的 (u,v) 不一定是整数,而在实拍图像中的像素坐标都为整数,灰度值仅在整数位置处被定义,但是 (u',v') 像素点的灰度值信息蕴含在 (u,v) 的几个相邻像素中,可以利用灰度插值来确定该位置的灰度 $h(u,v)$,计算公式为

$$h(u,v) = \sum_{l=-\infty}^{\infty} \sum_{k=-\infty}^{\infty} h(l,k) G(x,y) \tag{4-9}$$

式中:$h(l,k)$ 为实拍图像的信息采样;$G(x,y)$ 为插值函数,一般只用于小的邻域,在它之外 $G(x,y)$ 为 0,常用的插值方法是最近邻插值、线性插值和双三次插值。线性插值法具有速度快,能够较好地保持图像细节的特点,本书选用双线性插值法获取灰度值 $H'(u,v)$。

原始相平面的各个像点基本是均匀分布的,假设点 (u,v) 位于 l、$l+1$ 行,k、$k+1$ 列相交的四个交点内任意位置,四个交点的灰度分别记为 $h(l,k)$、$h(l+1,k)$、$h(l,k+1)$ 和 $h(l+1,k+1)$,利用双线性灰度插值计算 $h(u,v)$ 的公式为[8]

$$h(u,v) = (1-a)(1-b) \times h(l,k) + b(1-a) \times h(l+1,k) +$$
$$a(1-b) \times h(l,k+1) + ab \times h(l+1,k+1) \tag{4-10}$$

式中:$l = \text{round}(u)$,$k = \text{round}(v)$,$\text{round}(u)$ 和 $\text{round}(v)$ 表示对 u 和 v 取整;$a = u - k$,$b = v - l$。

若被测深孔段的内表面是平整的圆柱表面,各个被测点的半径 R 都相同,其实物展开图应是平整的矩形平面图形,因此,展开图像也是平整的矩形平面图形,实拍图像的 ROI 是由多个圆组成的环面,展开图像的每一行都与环面的一个规则圆对应,可以直接利用式(4-8)计算展开图像中的填充

点。为了更加形象地表征图像的展开变换过程,在一段深孔内粘贴了一张印有各种图案的薄纸,CCD 相机拍摄的原始图像如图 4-8 所示,图中两条环形线所包围的环形区域为 ROI 区域,应用式(4-8)进行展开变换,变换结果如图 4-9 所示。

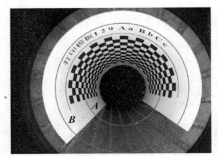

图 4-8　孔腔圆柱段内表面 CCD 原始图像

图 4-9　图 4-8 的展开图像

若被测深孔段的内表面具有复杂形廓,如火炮身管的内膛往往由若干阴线、阳线组成,而阴线和阳线的半径 R 是不同的,其实物展开图不再是平整的矩形平面图形,但展开图像是用二维平面图形表示的,仍然是平整的矩形平面图形,实拍图像的 ROI 是由多个复杂曲线组成的,因此矩形平面的每一行对应的不再是一个规则圆,而是一条复杂曲线,在利用式(4-8)计算展开图像中的填充点时,必须分别根据阳线和阴线的半径计算其对应的像素填充点。由于深孔的几何参数是事先知道的,可以根据已知的深孔几何参数制作一个展开图像的模板,如图 4-10 所示。模板中没有灰度信息,只有几何参数信息,如阴线区域及阴线半径、阳线区域及阳线半径、膛线缠角等。根据填充点在模板中的实际位置,按其实际半径 R' 找到 ROI 内对应点和灰度值对展开图像进行填充,对图 4-2 的火炮身管内表面图像 ROI 的部分展开图像如图 4-11 所示。

通过空间变换获取展开图像 $H(u',v')$,是针对灰度图像 $h(u,v)$ 进行的变换。对于 RGB 图像,可以将 R、G、B 三个分量分别考虑,处理方法与灰度图像相同。RGB 原始图像及展开图像如图 4-12 所示。

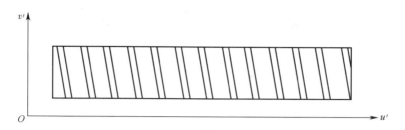

图 4-10　复杂深孔内表面部分展开图像模板

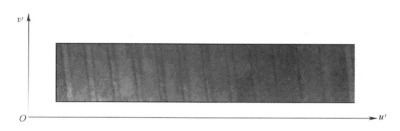

图 4-11　复杂深孔内表面 ROI 部分展开图

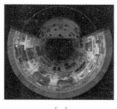

（a）

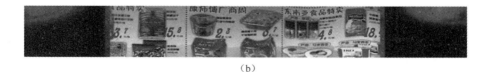

（b）

图 4-12　RGB 图像的展开变换

（a）RGB 原始图像；（b）RGB 展开图像。

4.1.3　展开图像的拼接

由于相机视场有限，面结构光测量头装置的一次成像只能获得一段内孔的场景图像，在对疵病进行测量时，有时同一完整疵病分布在两幅或者多幅图像中,这就需要对相邻图像进行拼接处理。

1. 灰度均化变换

孔腔类零件内部成像时,因各处与光源距离不等,光照不均匀,图像中灰度会有差异。由于孔结构具有对称性,当传感器为同轴配置时,图像的灰度值差异主要产生于图像的行方向。图 4-13(a) 为原始展开图像,记为 $H(u',v')$,其中,横坐标 u' 代表像素列,纵坐标 v' 代表像素行;图 4-13(b) 为图像的行方向灰度分布曲线。曲线 1 是各列像素沿行方向灰度平均值分布曲线,曲线 2、3 分别为图像上随机抽取的两列像素沿行方向灰度分布曲线;曲线 1 表明图像沿行方向的灰度均值呈线性增长,曲线 2、3 表明图像中任一列像素沿行方向的灰度也呈线性增长。在对相邻两幅图像进行拼接前,首先要均化图像沿行方向的灰度,使各行图像的灰度差在一定范围内。

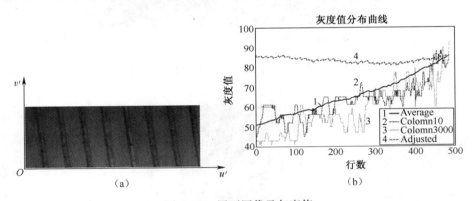

图 4-13　展开图像及灰度值
(a)原始展开图像;(b)展开图像灰度分布曲线。

由于图像沿行方向的灰度是线性变化的,因此采用线性的灰度均化方法,设行方向灰度均值增量为 $\Delta\overline{h}$,则有

$$\Delta\overline{h} = \frac{\max(\boldsymbol{H}_r) - \min(\boldsymbol{H}_r)}{m} \tag{4-11}$$

式中:$\max(\boldsymbol{H}_r)$ 为沿行方向灰度均值的最大值;$\min(\boldsymbol{H}_r)$ 为沿行方向灰度均值的最小值;m 为图像的总行数。

对于原始展开图像 $H(u',v')$,按行方向灰度均化后 $H'(u',v')$ 表示为

$$H'(j,v') = H(j,v') + (k-j) \times \Delta\overline{h}, \quad j = 1,2,\cdots,m \tag{4-12}$$

式(4-12)表示保持第 k 行灰度值不变,$1 \leqslant j < k$ 时,第 j 行的灰度增加

$(k-j)\Delta\bar{h}$，$k<j\leqslant m$ 时，第 j 行的灰度减少 $(j-k)\Delta\bar{h}$，这里 k 是原始图像中间的某一行，需结合实际确定，$1\leqslant k\leqslant m$。

变换后行方向灰度均值分布如图 4-13 的曲线 4，可见变换后的图像灰度分布比较均匀，消除了光照不均匀产生的影响。图 4-14 是对图 4-13 原始展开图像的灰度均化效果显示。

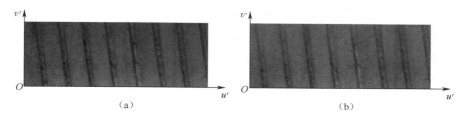

图 4-14　图像灰度均化效果

(a)原始展开图像；(b)灰度均化后的展开图像。

2. 展开图像的拼接原理

本书所述的面结构光测量头装置沿孔轴向运动采集图像，相邻两幅展开图像沿 v'（行坐标）方向存在偏移。理论上，精确控制采样时的测头位置，并在原始图像上精确确定 ROI，相邻两幅图像前后搭接起来就可以实现图像拼接，但实际测量中，相邻两幅图像沿轴向有一定的相互重叠区域，需采用相应的拼接算法将图像拼接起来。

图像的拼接原则可以分成基于灰度相关性的拼接和基于对应特征点的拼接[9,10]。前者利用同一区域灰度分布相近的特点，通过计算两幅图像的灰度相关性确定拼接方式，拼接精度高，但是计算量大，受噪声干扰大；第二种方法通过两步实现，首先从两幅图像中提取相同的特征点，并确定特征点之间的一一对应关系，然后根据这些特征点确定两幅图像之间的单应变换矩阵，该方法的难点在于提取同名特征点，另外，为提高变换的准确性，需要增加特征点的数量。

基于面结构光测量头装置获得的相邻两幅展开图像仅是沿行坐标方向存在偏移，也就是两幅图像仅需进行行方向的单方向匹配，且图像灰度经过均化后差异不大，因此适合应用灰度相关性方法。具体做法是将第一幅图像在第二幅图像上逐行移动，每移动一行计算两幅图像的灰度相关系数，相关系数定义为两幅图像在重叠区域的灰度差的平方和，然后根据灰度相关性确定最佳拼接位置。

图 4-15(a)表示复杂孔腔内表面的相邻两幅展开图像 $H_1(u',v')$ 和 $H_2(u',v')$，图 4-15(b)表示图像拼接算法的实现原理。其中，虚线框表示第一幅图像 $H_1(u',v')$，实线框表示第二幅图像 $H_2(u',v')$，两幅图像的高度都为 m，宽度都为 n，重合高度为 l，匹配过程一开始是让第一幅(虚线框)图像的上边界与第二幅(实线框)图像的下边界重合，并计算重合区域(A 行)的相关系数；然后让虚线框上边界从 A 行开始，沿 v' 正向逐行扫描，每扫描一次就计算一次重合区域的相关系数，其中的最小相关系数对应的拼接位置就是最佳拼接位置。相关系数 $F(l)$ 由式(4-13)定义。

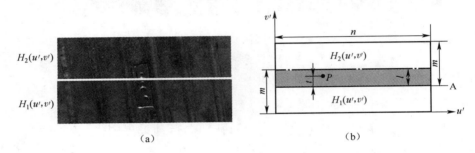

（a）　　　　　　　　　　　　　（b）

图 4-15　图像快速拼接原理

（a）相邻展开图像；（b）灰度相关性法图像拼接原理。

$$F(l) = \frac{\sum_{v'=0}^{l} \sum_{u'=0}^{n} [H_2(u',v') - H_1(u',v')]^2}{nl}, l = 1, 2, \cdots, m \quad (4-13)$$

通过式(4-13)，上述问题转化为求 $l \in [1, m]$，使 $F(l)$ 取最小值。$F(l)$ 随 l 的变化曲线如图 4-16 所示。

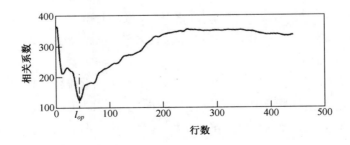

图 4-16　图像拼接的相关系数

当确定最佳拼接位置 l_{op} 后，新图像中各个区域的像素灰度定义为

$$H'(u',v') = \begin{cases} H_1(u',v'), & 1 \leqslant v' < m - l_{op} \\ (H_1(u',v') + H_2(u',v'))/2, & m - l_{op} \leqslant v' < m \\ H_2(u',v'), & m \leqslant v' < 2m - l_{op} \end{cases}$$

$$(4-14)$$

但是当两幅图像存在较大光照差别的时候，由式（4-14）得到的图像存在明显的拼接痕迹，为了消除拼接痕迹，需要根据像点在重叠区域的位置对灰度重新定义。重叠区域的像点靠近上端，则上面图像的灰度影响较大，靠近下端，则下面图像的灰度影响较大，因此，可以根据像点的位置计算出 H_1、H_2 的权值后再重新计算重叠区域的灰度。如图 4-16 中，点 P 距离第二幅图像下边界的距离为 t，因此 P 点所在像素行的位置为 $v' = m - l_{op} + t$，据此重新定义的重叠区灰度值表达式为

$$\begin{aligned} H'(u',v') &= \frac{t}{l_{op}} \times H_1(u',v') + \left(1 - \frac{t}{l_{op}}\right) \times H_2(u',v') \\ &= \frac{t}{l_{op}} \times H_1(u',m - l_{op} + t) + \left(1 - \frac{t}{l_{op}}\right) \times H_2(u',m - l_{op} + t), \\ & 1 \leqslant t < l_{op} \end{aligned}$$

$$(4-15)$$

图 4-17 是对面结构光测量头装置所获取图像的处理效果，其中图 4-17（a）为完整的复杂孔腔内表面疵病图像，面结构光测量头装置通过先后两次拍摄，分别获取了该疵病的部分图像，图 4-17（b）中含有疵病的上半部分，图 4-17（c）中含有疵病的下半部分。按上述方法对图 4-17（b）、（c）两幅图像拼接后效果如图 4-17（d）所示，对比图 4-17（a）和图 4-17（d）可以看出，经过图像拼接后，存在于两幅相邻图像中的疵病被完整、准确地显示在图 4-17（d）的虚线框中。从拼接图像中可以提取膛线信息，也可以提取疵病及纹理信息。用同样的方法处理 RGB 图像，可以获取拼接展开图像的颜色信息。

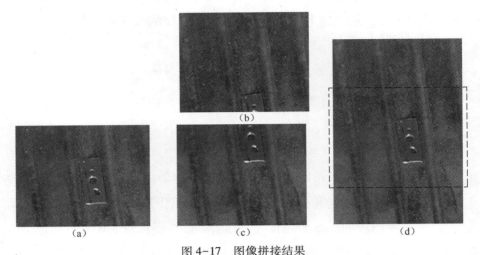

图 4-17　图像拼接结果

（a）含有部分疵病的 $H_2(u',v')$；（b）含有部分疵病的 $H_1(u',v')$；

（c）拼接后 $H(u',v')$；（d）疵病所在段直接展开图像。

4.2　孔内表面疵病参数计算原理

火炮身管内膛疵病形式复杂多样,这些疵病可能出现在阳线上,也可能出现在阴线上。一般来说,阳线上可能出现的疵病主要包括阳线断脱、蚀坑、裂纹、烧蚀网、挂铜和锈蚀,阴线上可能出现的疵病包括蚀坑、裂纹、烧蚀网、挂铜和锈蚀。这些疵病最为主要的特征是疵病区域径向深度与其周围的阳线或阴线表面的径向深度不同。火炮内膛常见疵病及主要特征见表 4-1,表 4-1 分别列举了疵病的径向深度特征、形状特征与发生位置。

表 4-1　火炮身管内膛疵病特征

疵病类别	形状特征	径向深度特征	发生位置
阳线断脱	不定	径向深度低于周围阳线区域,且贯通其两侧阴线	阳线
蚀坑	长轴与短轴方向尺寸相差不大(短粗状)	径向深度低于其周围的阳线或阴线	阳线或阴线
裂纹	长轴与短轴方向尺寸相差较大(细长状)		阳线或阴线
烧蚀网	由相互邻近的多条小裂纹构成		阳线或阴线
挂铜和锈蚀	不定	径向深度高于其周围的阳线或阴线	阳线或阴线

在面结构光测量头装置获得的图像中,疵病图像与正常的孔内表面图像是明显不同的,要想计算疵病的几何参数,首先要通过图像分割将疵病部分同其他部分区分开来。图像分割是指将图像中有意义的对象从图像背景中分离出来,图像分割过程就是不同意义对象的提取过程。然后再进一步对疵病准确进行分类,并对各类疵病特征及疵病的轴向与周向位置定量描述。

4.2.1 图像分割的基本原理

图像分割主要有以下几种不同的方法[11-14]:

1. 阈值分割法

阈值分割法是最简单、最基本的图像分割方法,是其他分割方法的基础。阈值分割法的基本原理如下:

$$g(u,v) = \begin{cases} 1, & H(u,v) > T \\ 0, & H(u,v) \leqslant T \end{cases} \tag{4-16}$$

式中:$H(u,v)$ 表示像素点 (u,v) 的灰度值;T 为设定的阈值;$g(u,v)$ 为图像的标识函数,1 标识特征区域,0 标识背景区域。

阈值分割法的关键是给定合理的阈值 T,将特征区域从背景中完整地分离出来。T 可以人为设定,也可以通过算法设定。阈值分割法的缺点是缺乏对全局信息的考虑,仅从局部信息(灰度值)对像素进行取舍。

2. 基于边缘的方法

边缘是图像上灰度发生突然变化的地方,如果将图像看成关于 u 和 v 的二元函数 $H(u,v)$,则边缘就是函数具有极大梯度值的位置。梯度的模及方向参数的计算公式如下:

$$\mid \mathrm{grad}H(u,v) \mid = \sqrt{\left(\frac{\partial H}{\partial u}\right)^2 + \left(\frac{\partial H}{\partial v}\right)^2} \tag{4-17}$$

$$\psi = \arg\left(\frac{\partial H}{\partial u}, \frac{\partial H}{\partial v}\right) \tag{4-18}$$

通常情况下,方向参数的计算没有太多意义,只需要根据式(4-17)计算图像梯度模的最大值。式(4-17)的两个分项分别指图像沿行方向和列方向的导数,由于实际图像为离散对象,图像沿行及列向的求导计算可以用差分表示为

$$\begin{cases} \Delta_i H(i,j) = H(i,j) - H(i-1,j) \\ \Delta_j H(i,j) = H(i,j) - H(i,j-1) \end{cases} \qquad (4-19)$$

为了计算简便,图像局部区域的求导计算通常采用各种算子。如果将式(4-20)改写为

$$\begin{cases} \Delta_i H(i,j) = H(i,j) - H(i+1,j+1) \\ \Delta_j H(i,j) = H(i,j+1) - H(i+1,j) \end{cases} \qquad (4-20)$$

式(4-20)就是 Robert 边缘检测算子,其对应的两个模板表示为

$$h_1 = \begin{bmatrix} 1 & 0 \\ 0 & -1 \end{bmatrix} \quad h_2 = \begin{bmatrix} 0 & 1 \\ -1 & 0 \end{bmatrix} \qquad (4-21)$$

在算法实现过程中,通过 Robert 算子模板作为核与图像中的每个像素点做卷积和运算,然后选取合适的阈值以提取边缘。除了 Robert 算子外,还有 Laplace、Prewitt、Sobel、Robinson、Kirsch 及二阶导数的 Canny 等算子,不同的算子在噪声抑制及边缘提取上的表现也有所差异,需要根据实际情况选择不同的算子。

由于受噪声等因素的影响,通过边缘算子得到的结果不能直接用于表示对象的边缘。用 $g(i,j)$ 表示图像 $H(i,j)$ 与边缘测量算子卷积计算后的结果,必须对 $g(i,j)$ 进一步处理才能有效提取特征对象的边界,通常这些处理包括阈值分割、边界跟踪及 Hough 变换等。基于边缘测量的图像分割对噪声敏感,同时 $g(i,j)$ 的后处理操作对算法的实现也增加了一定的难度。

3. 模板匹配法

基于模板匹配的算法主要涉及两个步骤:①逐次移动模板相对图像的位置,计算每一个位置上两者之间的相关性;②设定相关性大于预设值的位置为对象的实际位置。当对象在不同情况下发生比例变换及旋转变换时,则需要建立不同比例及角度变换条件下的模板。因此,基于模板匹配的方法会占用大量的存储空间及消耗大量的运算时间,适用于一些特征对象较为固定的情况。

4.2.2　基于区域分割-合并的疵病提取原理

孔腔内表面疵病在图像上表现为同背景具有不同灰度值的区域,内表面受反射状况等因素的影响,图像上存在较多的噪声干扰,因此不适于采用基于边缘的方法。同时,内表面上的疵病形态各异,不存在固定的模式,同

样不适于采用基于模板匹配的方法。针对上述情况,本书采用阈值分割法对孔腔内表面图像进行分割,并基于区域分割-合并的方法对管道内表面的疵病进行提取。

区域分割-合并的基本原理如图 4-18 所示。其算法主要包括以下两个步骤:

(1)将原始图像 R 分割成四个子区域 R_1、R_2、R_3 及 R_4。如果任意子区域不满足均匀性要求,如 R_4,则再将 R_4 分割成四个子区域 R_{41}、R_{42}、R_{43} 及 R_{44};如果同属一父区域的四个子区域满足均匀性要求,则合并四个子区域;循环分割及合并直到不能进一步操作为止;

(2)如果任意两个相邻的区域(不管是否属于同一父区域或在同一数据分层上)满足均匀性要求,则合并这两个区域,如 R43、R44。

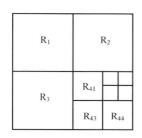 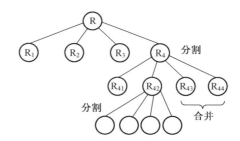

图 4-18　区域分割合并原理示意图

4.2.3　疵病表征及特征计算

通过上述区域分割得到属于特征对象的像素点集,虽然可以直接采用点集的方式表示区域,但是这种表示方法数据存储量大,且存储带有无序性,不利于如对象识别、图像理解等进一步的处理。在基于区域分割的基础上,对象的表征方法主要可以分成两类:基于轮廓的表征方法和基于区域的表征方法。为了尽可能全面地描述对象的特征,通常需要综合应用两种方法。

链码是一种常用的基于轮廓的区域表征方法。链码遵从 Freeman 的定义,其对轮廓描述的一般形式为 $(X_0, Y_0, C_1, C_2, \cdots, C_n)$,其中 (X_0, Y_0) 表示轮廓的起点,C_i 代表第 i 个位置的码值,表明了当前轮廓节点相对第 $i-1$ 个轮廓节点的方向。每一个数字代表一个方向,通常有 4 邻域和 8 邻域两种

119

表示方法,其定义如图4-19所示。

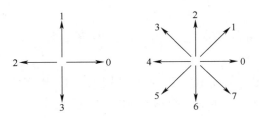

图4-19　4邻域及8邻域链码表示方法

另外也可以通过边界上简单的几何特性如曲率、边长等对区域进行表示。其他基于轮廓的区域表征方法包括傅里叶变换、B样条曲线及交比不变等。

简单的基于区域的表示方法包括区域面积、长短轴、偏心度、矩形性、方向及紧凑性等,这些特性计算简单,对区域的特征描述较为直观。但是,这种直接计算的方法对图像的比例变换、平移及旋转变换等较为敏感,不利于不同尺度下的特征对比。区域矩技术将正规化后的灰度图像看成是二维随机变量的概率密度分布,通过对统计特性——矩的分析得到随机变量的属性。通过一定的处理,区域矩可以独立于图像的比例变换、平移变换及旋转变换等。矩的基本计算公式如下:

$$m_{pq} = \int_{-\infty}^{\infty} \int_{-\infty}^{\infty} x^p y^q H(x,y) \, dx dy \tag{4-22}$$

对于数字图像,通过求和的方式表示:

$$m_{pq} = \sum_{i=-\infty}^{\infty} \sum_{j=-\infty}^{\infty} i^p j^q H(i,j) \tag{4-23}$$

上两式中:x、y、i、j分别为连续及离散图像像点坐标;H为灰度值。对于二值图像,m_{00}表示区域的面积。基于矩的其他一些特性的计算公式如下:

(1)区域质心计算公式:

$$\begin{cases} x_c = \dfrac{m_{10}}{m_{00}} \\[2mm] y_c = \dfrac{m_{01}}{m_{00}} \end{cases} \tag{4-24}$$

（2）区域长短轴计算公式：

$$I_{\max} = \frac{1}{m_{00}}\left(m_{20} + m_{02} + \sqrt{(m_{20} + m_{02})^2 - 4m_{20}m_{02} + 4m_{11}^2}\right) \quad (4-25)$$

$$I_{\min} = \frac{1}{m_{00}}\left(m_{20} + m_{02} + \sqrt{(m_{20} + m_{02})^2 - 4m_{20}m_{02} + 4m_{11}^2}\right) \quad (4-26)$$

能独立于比例变换、平移变换及旋转变换的特性是区域矩广泛应用的原因之一。独立于平移变换的中心距可以表示为

$$\mu_{pq} = \int_{-\infty}^{\infty} \int_{-\infty}^{\infty} (x - x_c)^p (y - y_c)^q H(x,y)\,\mathrm{d}x\mathrm{d}y \quad (4-27)$$

$$\mu_{pq} = \sum_{i=-\infty}^{\infty} \sum_{j=-\infty}^{\infty} (i - x_c)^p (j - y_c)^q H(i,j) \quad (4-28)$$

当取 $\mu_{11} = 0$ 时，则可以得到独立于旋转变换的矩。更多关于矩特性计算的内容可以参考文献[15-28]。另外，当以链码方式表示区域时，可以根据链码直接计算矩特征[19]。

从背景中提取出特征区域后，可以根据上述方法计算疵病区域的一些特性，主要包括以下几项：

（1）区域面积。根据矩特性可知，区域的面积 $A_i = m_{00}$。此时得到的仅是像素单位的面积，要计算 A_i 对应的实际面积，还要考虑相机的变换。根据前面章节平面图像展开原理，当图像从实际相机坐标系变换到虚拟相机坐标系过程中，根据成像关系可以设定变换后图像的高度和宽度分别为

$$\begin{cases} H = \delta \cdot \dfrac{fR}{\mathrm{d}x}\left(\dfrac{1}{r_{\min}} - \dfrac{1}{r_{\max}}\right) \\ W = 2\delta\pi R \end{cases} \quad (4-29)$$

式中：$r_{\min}$、$r_{\max}$ 分别为不同轴向位置截面在图像上距中心点的像素尺寸；δ 为比例因子，用于调节新图像的分辨力；其他参数定义同前。则区域实际面积的计算公式为

$$A_r = A_i / \delta \quad (4-30)$$

（2）特征区域的周向角度和轴向位置。计算特征区域的质心 (x_c, y_c)，则特征区域的周向角度表示为

$$\alpha = \frac{x_c}{W} \times 360 \quad (4-31)$$

该值是特征区域质心相对图像上极坐标的角度，其中极坐标零点可以

任意确定。设 B 点对应的轴向位置为 Z_B，A 点对应的轴向位置为 Z_A，则 AB 区间内特征点的轴向位置可以表示为

$$Z = \frac{y_c}{H}(Z_A - Z_B) + Z_B \qquad (4-32)$$

Z_A、Z_B 之间的关系为

$$Z_A = \frac{fR}{dx}\left(\frac{1}{r_{min}} - \frac{1}{r_{max}}\right) + Z_B \qquad (4-33)$$

Z_B 的起始位置为用户定义零点，每次图像采集前记录不同位置的 Z_B 值，则根据式(4-32)及式(4-33)可以求得任意点的轴向位置。

（3）特征区域的外接矩形。设特征区域内横坐标的极大、极小值分别为 x_H、x_L，纵坐标的极大、极小值分别为 y_H、y_L，则特征区域外接矩形的左上角点和右下角点分别为 (x_L, y_L)、(x_H, y_H)，表示为 $S((x_L, y_L), (x_H, y_H))$。特征区域表示了疵病在孔腔内表面的位置范围。

参 考 文 献

[1] 郑军,徐春广,肖定国,等. 火炮身管内表面综合测量系统研究[J]. 北京理工大学学报,2003,23(6),694-698.

[2] 叶挺锋. 火炮身管检测技术与系统设计[D]. 杭州:浙江大学,2005.

[3] 杨顺民,宋文爱,杨录. 小口径火炮身管超声检测技术研究[J]. 弹箭与制导学报,2007,27(1):241-243.

[4] 肖定国,徐春广,朱文娟,等. 照明装置:中国,200710142858.1[P]. 2009-10-1.

[5] 冯忠伟,徐春广,肖定国,等. 基于圆结构光照明和LED照明相结合的三维检测技术[J]. 光学技术,2009,35(2):265-268.

[6] 肖定国,徐春广,冯忠伟,等. 光学测孔内壁疵病的方法:中国,200710142855.8[P]. 2010-9-1.

[7] 刘航,郁道银,杜吉,等. 广角成像系统光学畸变的数字校正方法[J]. 光学学报,1998,18(8):1108-1112.

[8] Smith W E, Vakil N, Mainslin S A. Correction of distortion in en-doscope images[J]. IEEE Trans. Med. Imag,1992. MI-11(1):117-122.

[9] Olson Clark. Maximum-likelihood image matching[J]. IEEE Transaction on Pattern Analysis and Machine Intelligence,2002,24(6):853-857.

[10] Gu Hui, Chen Guangyi, Cao Wenming. Image match algorithm based on feature point with bidirectional threshold[J]. International Conference on Neural Networks and Brain,2005,3:1464-1468.

[11] Milan Sonka, Vaclav Hlavac, Roger Boyle. Image Processing, Analysis, and Machine Vision[M]. Beijing: Posts & Telecom Press,2002.

[12] 韩思奇,王蕾. 图像分割的阈值法综述[J]. 系统工程与电子技术. 2002,24(6):91-94.

[13] 彭丽. 基于边缘信息的阈值图像分割[D]. 长沙:中南大学,2009.

[14] 曾江源. 图像边缘检测常用算子研究[J]. 现代商贸工业. 2009(19):298-283.

[15] Hu M K. visual pattern recognization by moment invariant[J]. IRE Transaction Information Theory,1962, 8(2):179-187.

[16] Savini M. Moment in image analysis[J]. Alta Frequenza,1988,57(2):145-152.

[17] Maitra S. Moment invariants[J]. Proceedings IEEE,1979,67(4):697-699.

[18] Pratt W K. Digital image processing[M],2nd ed. New York:Wiley,1991.

[19] 关柏青,于新瑞,王石刚. 基于链码分析及矩特征的元件类型检测方法[J]. 上海交通大学学报, 2005,39(6):969-974.

第5章 内孔疵病特征的线结构光测量技术

第4章介绍了采用 LED 平面结构光测量头装置实现内孔疵病特征测量的方法是一种二维图像测量法[1-5]，这种测量方法每次可以获得一段内孔表面的二维图像，具有较高的测量效率。通过对测量图像的变换、去噪及拼接等操作，实现对深孔内表面各种疵病的轴向位置、周向位置、疵病面积、表面颜色及纹理等信息的检测。由于平面光图像中没有蕴含疵病的深度信息，因此，无法由平面图像直接给出疵病的径向深度。有些火炮身管内腔疵病，如阳线断脱、烧蚀坑、龟裂和冲凹，即使疵病面积较小，但是当这类疵病达到一定深度时，仍会对火炮的射击精度和安全性造成严重影响，并且疵病越深，扩展速度也越快。随着高膛压和高初速新型火炮的出现，这类疵病对火炮身管的影响和危害程度愈发严重。因此，准确地获取火炮身管内轮廓疵病深度信息非常重要和迫切[3]。本章介绍直接应用线结构光测量头装置获得的孔腔内表面轮廓信息对疵病几何参数进行测量的技术，同时利用第4章的平面光传感器获取的展开图像的颜色信息，将三维表面轮廓信息与二维图像颜色信息有机地结合起来，实现对疵病特征的全面测量。

5.1 孔腔内轮廓三维测量数据图像化原理

由第3章线结构光测量头装置可获取孔腔内轮廓三维信息，然而应用三维轮廓信息在三维空间进行疵病测量并不容易。为了利用成熟的二维图像处理技术，首先将线结构光测量头装置获得的孔腔内轮廓三维测量数据沿着圆周方向展开并进行图像化处理，同面结构光测量方法一样，图像中每个像素的行坐标与身管内腔表面测量截面轴向位置 z_w 相关，列坐标则与测点在圆周方向的位置 (x_w, y_w) 有关，但同面结构光测量方法不同的是，图像各像素的灰度值反映的不再是测点的表面纹理等轴向和周向信息，而是测点的径向深度信息。为了描述方便，将三维测量数据展开得到的图像简记为 ITD(Image from 3D Data)。

在图 5-1 中,设 S 是由第 3 章所述技术提取的身管内截面轮廓图像的亚像素光条中心线,虚线圆半径 ρ_{base} 是轮廓的平均半径,虚线圆的中心作为光条的中心 $O(x_0, y_0)$,P 点是 S 上任意一点,用直角坐标形式表示为 $P(x_i, y_i)$,用极坐标形式表示为 $P(\rho_i, \theta_i)$,ρ_i 为 $P(x_i, y_i)$ 点的极径;θ_i 为 $P(x_i, y_i)$ 点的极角,x_i、y_i、ρ_i 的单位为像素,θ_i 的单位为弧度。

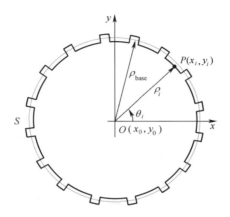

图 5-1　三维测量数据图像化原理

令 $\Delta x_i = x_i - x_0$, $\Delta y_i = y_i - y_0$, ρ_i、θ_i 由式(5-1)求取:

$$\begin{cases} \rho_i = \sqrt{\Delta x_i^2 + \Delta y_i^2} \\ \theta_i = \arctan\left(\dfrac{\Delta y_i}{\Delta x_i}\right) \end{cases} \tag{5-1}$$

为了将三维轮廓数据转化为二维平面图像 ITD,先设 ITD 列坐标为 col_i,径向深度坐标为 dep_i,col_i 与 dep_i 由式(5-2)计算:

$$\begin{cases} col_i = \dfrac{\theta_i}{\delta_\theta} \\ dep_i = \rho_i - \rho_{base} \end{cases} \quad, i = 1, 2, \cdots, N \tag{5-2}$$

其中,δ_θ 为展开步距角,为了保证展开精度,展开图中每个像素的当量长度(一个像素所代表的被测物体实际长度值)应该不大于三维测量时所得图像中像素的当量长度。假设线结构光测量头装置获得的阳线圆像素半径 $r_{mas} = 616.18$ 像素,则阳线圆的像素周长为

$$2\pi r_{mas} \approx 2 \times 3.14 \times 616.18 \approx 3870(\text{像素}) \tag{5-3}$$

此时，δ_θ 的选取应满足：

$$\delta_\theta < \frac{2\pi}{3870} \approx 0.0016(\text{rad}) \approx 0.0930(°) \qquad (5-4)$$

每个像素的当量长度为 $R_{\text{mas}}\delta_\theta$，若已测阳线圆半径 $R_{\text{mas}} = 65.817\text{mm}$，则取像素当量长度为 $\lambda = 0.1\text{mm/像素}$ 时，δ_θ 应取值为

$$\delta_\theta = \frac{\lambda}{R_{\text{mas}}} \approx 0.0015(\text{rad}) \approx 0.0871(°) \qquad (5-5)$$

计算阳线圆的像素周长 $\text{int}(2\pi/\delta_\theta) = 4135(\text{像素}) > 3870(\text{像素})$。

式(5-2)中，常数 ρ_{base} 取为阳线圆半径 R_{mas} 和阴线圆半径 R_{fem} 均值，即

$$\rho_{\text{base}} = (R_{\text{mas}} + R_{\text{fem}})/2 \approx 66.991(\text{mm}) \qquad (5-6)$$

常数 δ_θ 和 ρ_{base} 选定后，根据式(5-2)可得到一个点序列 $(\text{col}_i, \text{dep}_i)$，$i = 1, 2, \cdots, N$，全部 N 点序列 (col, dep) 用线图表示，即为图 5-2(a)。点序列 $(\text{col}_i, \text{dep}_i)$ 中，$\text{col}_i(i = 1, 2, \cdots, N)$ 之间不是等距分布（与光条中心提取算法有关），甚至个别点还可能存在非单调性变化的情况。为此，对 $\text{col}_i(i = 1, 2, \cdots, N)$ 进行排序，考虑到非单调性只会在序号较近的点之间存在，所以采用改进的冒泡排序法，即只依据序号较近的 10 个点的列坐标确定一个点的顺序，这样可以大大提高排序操作速度。

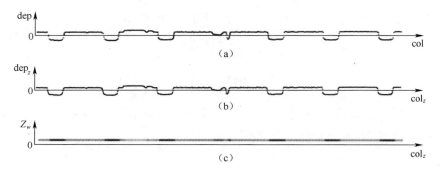

图 5-2　三维测量数据展开的图像化过程
（a）三维测量数据直接展开的散点图；（b）展开散点图的列坐标等间距插值结果；
（c）将深度值转换为灰度值的显示结果。

经过排序后得到的点序列记为 $\{(\text{scol}_i, \text{sdep}_i) \mid i \in Z[1, N]\}$，用不等间距一元三点插值方法计算出列坐标 col_z 为（$\text{col}_z \in Z[1, N]$）整数值时的径向深度坐标值 dep_z，计算步骤如图 5-3 所示。

为了保证插值计算精度，要求计算点列坐标 $v\text{col}_m$、col_j、col_n 中任意两个

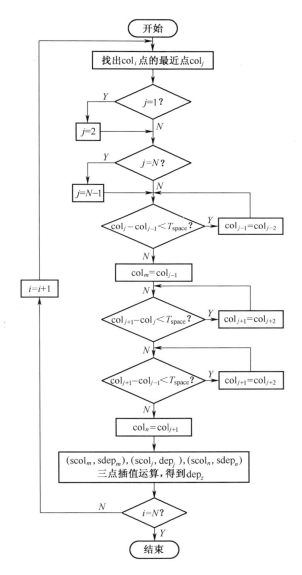

图 5-3 col_z 取整时径向深度坐标值 dep_z 计算步骤

之差不小于阈值 T_{space}（本书 $T_{space}=0.1$），否则需取顺序号更小或更大的点进行插值计算。经过插值得到点序列 $\{(col_z(i),dep_z(i)) \mid i \in Z[1,N]\}$，如图 5-2(b) 所示。

径向深度值取值范围 $dep_z \in [dep_{min},dep_{max}]$，将径向深度空间 $[dep_{min},$

dep_{max}]映射到灰度值空间$I[0,255]$,映射关系如图5-4所示。

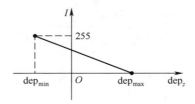

图5-4 径向深度dep_z与灰度值I映射关系

dep_z与I的映射关系如下:

$$I = 255\left(1 - \frac{dep_z - dep_{min}}{dep_{max} - dep_{min}}\right) = 255\left(\frac{dep_{max} - dep_z}{dep_{max} - dep_{min}}\right) \quad (5-7)$$

由式(5-7)得到与取整后点序列$\{(col_z(i), dep_z(i)) \mid i \in Z[1,N]\}$对应的灰度值$I(i)$,通过$dep_z(i)$桥梁作用,得到新的点序列$\{(col_z(i), I(i)) \mid i \in Z[1,N]\}$,如图5-2(c)所示。

通过以上分析,得到一个截面上测点的展开方法,也就是得到了ITD图像的一行,对于其他测量截面可以用同样方法获取ITD图像的对应行。当线结构光测量头装置沿孔轴向等步距测量时,随着截面轴向位置的改变增加ITD的行坐标值。

为了验证上述方法,在火炮身管试验件上放置了一些人工缺陷以模拟火炮身管疵病,如图5-5所示。这些"疵病"包括在阳线上放置的一块尺寸为31.5mm(长)×10.8mm(宽)×0.5mm(厚)的薄塑料片1(在薄塑料片1上设置了一些孔洞和裂纹)和另一块尺寸较小的薄塑料片2,在三条阴线上放置了五块橡皮泥3,图中仅显示了图像有"疵病"的局部。

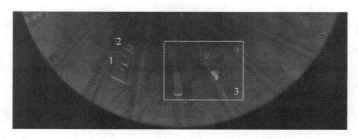

图5-5 火炮身管内膛的模拟疵病

图5-6(a)为线结构光三维轮廓对图5-5所示火炮身管段连续测量121个截面轮廓后,展开形成的ITD图像。

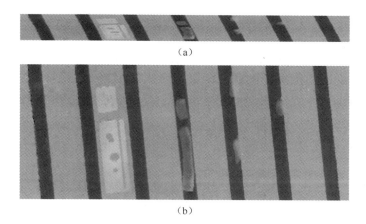

图 5-6　连续 121 个测量截面的 ITD

（a）插值前的 ITD；（b）插值后的 ITD。

图 5-6（a）所示的 ITD,实验数据是在线结构光测量头装置步距为 0.5mm 实验条件下获取的,也就是说 ITD 行方向像素当量长度为 0.5mm/像素,列方向像素当量长度为 0.1mm/像素。由于行方向和列方向的当量长度差别较大,导致图像产生了失真。为了使图像不失真,对行方向进行尺度变换,采用双线性插值方法,沿行方向改变图像尺寸为原来的 5 倍,使图像的行与列方向像素当量长度均为 0.1mm/像素。经过尺度变换后的 ITD 如图 5-6（b）所示。

5.2　图像区域分割及阳线/阴线区域识别

根据表 4-1,首先判断疵病发生位置（阳线或阴线）,再根据不同疵病的径向深度特征与形状特征,就可以从 ITD 中将疵病信息提取出来。

ITD 上每个像素的灰度值与火炮身管内腔相应位置上点的径向深度相关。因此,从 ITD 上分割出疵病区域也可采用基于灰度阈值的并行区域分割算法,对阳线疵病进行区域分割时要参照阳线表面的深度,而对阴线疵病进行区域分割时则要依据阴线表面的深度。所以,在进行疵病检测前要先把阳线和阴线的位置识别并划分出来。

5.2.1　基于灰度阈值的并行区域分割算法

最常用的并行直接检测区域的分割方法是阈值法,在 ITD 中检测疵病时,由于阳线、阴线和多数疵病区域的径向深度不同,表现为这些区域在 ITD 图像中的灰度不同,所以,适于应用基于灰度阈值的并行区域分割算法,以下简称阈值法。应用阈值法对 ITD 图像进行区域分割的步骤如下:

(1) 根据待检测特征的灰度确定一个阈值 T_h。

(2) 将 ITD 中每个像素的灰度值 $h(i,j)$ 与 T_h 做比较,满足条件 $h(i,j) > T_h$ 时,将这些像素划分为第一类,否则将之划分为第二类,图 5-7(a) 为阈值分割前图像,图 5-7(b) 为阈值 $T_h = 180$ 时的图像分割结果。

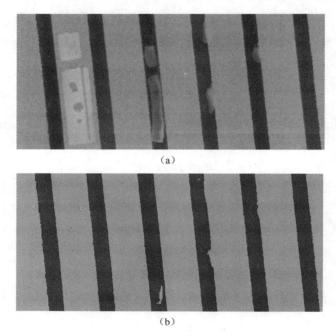

(a)

(b)

图 5-7　阈值法图像分割实例($T_h = 180$)

(a)阈值分割前图像;(b)阈值 $T_h = 180$ 时的图像分割结果。

(3) 阈值分割后的 ITD,通常包含有多个区域,根据像素间的连通性将各个区域识别出来并做标记。

对于阈值分割后的 ITD,从下向上、从左到右逐个像素进行扫描,要判断当前正在被扫描的像素的区域属性,需检查它与之前已经扫描过的邻近像素的连通性。假设当前像素值为 1,则它是一个感兴趣的目标像素,如果它与一个以上邻近的目标像素相连通,则它与这个像素同属一个区域;如果在之前扫描过的邻近像素中没有值为 1 的目标像素,则该像素属于一个新的区域,为其赋一个新的非零的区域标记,并记录该点的坐标;灰度值为 0 的像素的属性值为 0。

在八连通域情况下,当前正在被扫描的像素 $P(i,j)$ 最多有四个已经扫描过的邻近像素,即 $P(i-1,j-1)$, $P(i-1,j)$, $P(i-1,j+1)$ 和 $P(i,j-1)$, $P(i,j)$ 与其邻近像素位置关系如图 5-8 所示。

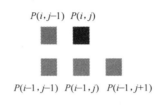

图 5-8　邻近像素位置关系示意图

（1）如果当前正在被扫描的像素值为 0,则该像素不是目标像素,移到下一个位置继续扫描。

（2）若当前像素值为 1,分为如下几种情形:①上述四个邻近像素值为零,则当前像素属于一个新的区域,为其赋一个新的非零的区域标记并记录该点的坐标;②只有一个邻近像素值为 1,则当前像素与该值为 1 的邻近像素同属一个区域,将该值为 1 的邻近像素的区域标记赋给当前像素;③四个邻近的像素值也都为 1,说明它们同属一个区域,它们的区域标记也应相同,这时可任取一个邻近的像素的区域标记赋给当前像素;④有两个或三个邻近的像素值为 1,这种情况下,可任取一个邻近值为 1 的像素的区域标记赋给当前像素,如果这几个邻近的像素的区域标记不同,则说明之前扫描到的这些区域通过当前像素连通在一起,将这几个标记记为等价并赋以一个非零的等价组号,将等价组号记录在标记属性数组中,没有被赋以等价组号的标记的属性值为 0。

上述扫描过程结束后,进行第二次扫描,将等价组号相同的标记用其中值最小的标记替换,被替换后的标记属性为-1;再次扫描标记属性数组,去掉其中的属性为-1 的标记,然后用另外一个数组存储这些标记值,数组的每一个元素记录一个独立的标记值,数组长度即为分割得到的独立区域数。

5.2.2　模板法阳线/阴线区域识别

运用 5.2.1 中所述的基于灰度阈值的并行区域分割算法对图像进行区域分割。$T_h = 180$ 时,得到 12 个独立区域,如图 5-9（a）所示。根据阳线宽

度 w_{mas} 和缠角 δ 生成一个与原始图像等高度的阳线模板,如图 5-9(b)所示。

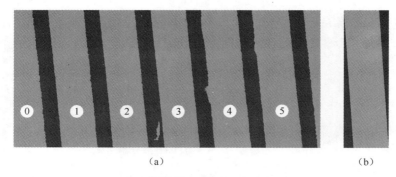

(a)　　　　　　　　　　　　　　　　　　　　(b)

图 5-9　图像区域分割结果与匹配模板

(a)ITD 图像区域分割;(b)匹配模板。

　　阳线模板扫描起始位置如图 5-10(a)所示。在该位置上,阳线模板左下角开始扫描到 ITD 首个值为 1 的点为图中 B_S 点(为了描述清晰,本图给出的是灰度图像而不是二值图像),则 A_S 点即为扫描起始位置。A_S 点的确定原则是,与 B_S 点行坐标相同,列方向 A_S 与 B_S 距离为 0.8 倍阴线宽度。在阳线模板的起始位置,模板左上角点与 ITD 上的 C_S 点重合,C_S 点的列坐标为 k_0。

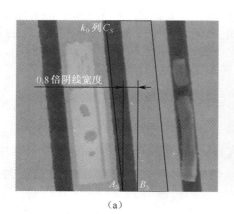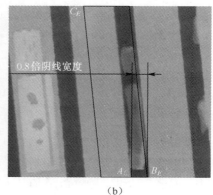

(a)　　　　　　　　　　　　　　　　　　(b)

图 5-10　阳线模板扫描位置

(a)起始扫描位置;(b)终止扫描位置。

　　从下到上、从左到右依次取出阳线模板上每个像素 $P_T(i,j)$ 的像素值 $G_T(i,j)$,以及 ITD 上与其位置重合的像素 $P_Z(k,j)$ 的像素值 $G_Z(k,j)$,则有

$$\text{MPN} = \sum_{i=0}^{N_H} \sum_{j=0}^{N_W} \left(G_T(i,j) \oplus G_Z(k,j) \right) \tag{5-8}$$

式中：MPN 表示 $P_T(i,j)$ 与 $P_Z(k,j)$ 颜色不同的总像素数，以下简称为不重合度；"$\oplus$" 为异或运算；N_H 为阳线模板的高度；N_W 为阳线模板的宽度；$k = i+k_0$。

假设模板放在第一个位置上得到不重合度 MPN_1，然后，将模板向右移动一个像素位置，再次计算不重合度，记为 MPN_2。若 $\text{MPN}_2 \geqslant \text{MPN}_1$，说明模板与 ITD 重合度没有降低，则应该再次右移一个像素位置，再计算不重合度……若 $\text{MPN}_2 < \text{MPN}_1$，则说明右移后模板与 ITD 重合情况变差，说明前一个位置即为模板与图像重合度局部最高的位置。MPN 曲线（局部）如所图 5-11 所示，当 $i=50$ 时 MPN 取得最小值。

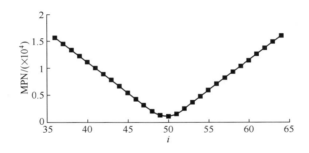

图 5-11　MPN-i 曲线

找到重合度 MPN 最高的位置后，记录模板的右下角在 ITD 中的纵横坐标，作为第 2 个阳线区域的起始位置，第 2 个阳线区域则定义为将模板放置在刚才记录的位置时，模板与图像相重合的区域中，二者像素值均为 1 的点集。

上述匹配过程一直进行到找到第二个阳线区域为止，或阳线模板右下角开始扫描到第一个值为 1 的点 A_E，则 B_E 即为扫描终止位置，B_E 点的确定原则是，与 A_E 点行坐标相同，列方向 B_E 与 A_E 距离为 0.8 倍阴线宽度，如图 5-10(b) 所示。（本图给出的是灰度图像，同图 5-10(a)）

找到第二个阳线区域的位置后，其他阳线区域和阴线区域的位置可根据阳线和阴线的宽度得到，图 5-12(a) 为模板匹配确定的所有阴线区域，图 5-12(b) 则为模板匹配确定的所有阳线区域。

（a）

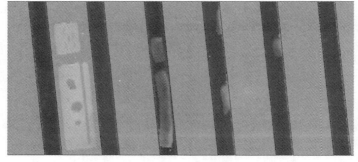

（b）

图 5-12 ITD 图像阴线和阳线模板匹配结果

（a）ITD 图像阴线模板匹配结果；（b）ITD 图像阳线模板匹配结果。

5.3 基于 ITD 图像的火炮身管内膛疵病检测方法

5.3.1 阳线断脱、蚀坑、裂纹和烧蚀网疵病检测

图 5-13 所示为三维重建获得的带有"疵病"的原始 ITD 图像。为了获得阳线断脱、蚀坑、裂纹和烧蚀网的特征图像，将图 5-13 中深色线条包围的区域的整体深度减少，使得实验中所用疵病模拟片表面的径向深度与阳线表面的径向深度相同，并在上端增加了阳线断脱特征，得到图 5-14 所示的包含有上述疵病特征的 ITD。

阳线断脱疵病特征是其径向深度比阳线表面径向深度大，所以，检测这类疵病只要设置一个比阳线表面灰度值略小的灰度阈值即可，在本例中，设

置灰度阈值为 185,只对 ITD 中阳线区域进行并行区域分割,阴线区域显示为亮色,区域分割结果如图 5-15 所示,图中深色部分即为阳线上径向深度大于阳线表面径向深度的区域。

图 5-13　疵病特征原始 ITD

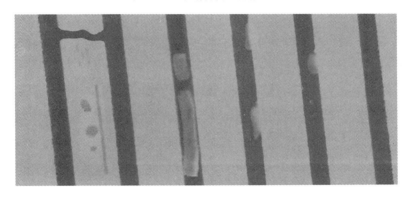

图 5-14　疵病特征新 ITD

图 5-15　阳线上灰度阈值法区域分割结果

由图 5-15 可见,除了疵病区域外,在阴线和阳线交界处有一些深色区域,之所以出现这些区域,是因为在阴线和阳线交界处存在遮挡问题,导致测量数据点数少,误差大,而不是在这些位置处一定存在疵病。

为了在图 5-15 中去掉这类"假"疵病,可在检测阳线疵病时将阴线区域适当放大,比如说,阴线两侧沿列方向向外延伸三个像素位置,这样得到的分割图像如图 5-16 所示。去掉图中面积较小的区域(如面积小于 15 的区域),得到图 5-17 所示的图像。

图 5-16 阴线区域适当放大后分割结果

图 5-17 去除小区域后分割结果

1. 阳线断脱疵病检测

阳线断脱是一种最具破坏力的疵病,其 ITD 图像特征是阳线上存在一个径向深度值较大的区域,并且这个区域沿阳线宽度整个贯通。检测方法如下所述:任取一个疵病区域 R,首先,计算出 R 的重心坐标 $C(x_c, y_c)$,根据重心 $C(x_c, y_c)$ 找出 R 所在阳线的位置。然后,判断 R 上是否存在离左右两条阳线边界线距离为零的点,如果既存在离左侧边界线距离为零的点,同时又存在离右侧边界线距离为零的点,则认为 R 为阳线断脱特征。主要步骤如下:

1) 疵病区域重心 $C(x_C,y_C)$ 的计算

$$\begin{cases} x_C = \dfrac{1}{A} \sum_{(x_i,y_i) \in R} x_i \\[3mm] y_C = \dfrac{1}{A} \sum_{(x_i,y_i) \in R} y_i \end{cases} \qquad (5-9)$$

式中:A 为疵病区域 R 的面积(像素)。

2) 根据重心 $C(x_C,y_C)$ 找出 R 所在的阳线

已知图像上每条阳线的左侧和右侧边界线的起点坐标 (x_{L0},y_{L0})、(x_{R0},y_{R0}) 和斜率 $K=\cot(\delta)$,δ 表示膛线的缠角值。两条边界线的直线方程为

左侧边界线方程:

$$y = y_{L0} + K(x - x_{L0}) \qquad (5-10)$$

右侧边界线方程:

$$y = y_{R0} + K(x - x_{R0}) \qquad (5-11)$$

过 R 的重心 $C(x_C,y_C)$ 做水平线,与阳线左、右边界分别交于点 $P_L(x_L,y_C)$ 和 $P_R(x_R,y_C)$,其中:

$$\begin{cases} x_L = x_{L0} + \dfrac{1}{K}(y_C - y_{L0}) \\[3mm] x_R = x_{R0} + \dfrac{1}{K}(y_C - y_{R0}) \end{cases} \qquad (5-12)$$

若 $x_C \in [x_L,x_R]$,则疵病区域 R 就在由左侧边界线起点 (x_{L0},y_{L0}) 所确定的阳线上,否则搜索下一条阳线,直到找到为止。

3) 判断 R 是否贯通整个阳线

采用逐点扫描方式,任取 R 中的一个点 $P_E(x_E,y_E)$,过该点做一条水平线,与阳线的左侧和右侧边界线分别交于点 $P_{EL}(x_{EL},y_E)$ 和 $P_{ER}(x_{ER},y_E)$,其中:

$$\begin{cases} x_{EL} = x_{L0} + \dfrac{1}{K}(y_E - y_{L0}) \\[3mm] x_{ER} = x_{R0} + \dfrac{1}{K}(y_E - y_{R0}) \end{cases} \qquad (5-13)$$

上述去除"假"疵病处理时，阴线沿图像列方向两侧各向外延伸了 3 个像素的宽度，所以，如果 $x_E-x_{EL}<4$ 像素，则可以认为 R 贯通阳线左边界；如果 $x_{ER}-x_E<4$ 像素，则可以认为 R 贯通阳线右边界。如果 R 既贯通阳线左边界，又贯通阳线右边界，则 R 贯通整条阳线。

存在一个贯通整条阳线的区域 R 表明存在阳线断脱疵病，图 5-18 中圆圈标示的区域即为存在阳线断脱疵病的位置。

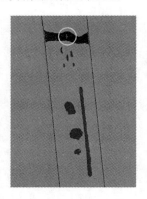

图 5-18　阳线断脱疵病检测结果

判断 R 是否贯通整个阳线，前述方法采用逐点扫描方式。为了提高扫描效率，可以采用图 5-19 的局部区域扫描方法。图中虚线表示疵病区域 R。C_1C_2 为 R 下边界线，C_1C_2 与左阳线边界交于 A 点，D_1D_2 为 R 上边界线，D_1D_2 与右阳线边界交于 B 点。A、B 点的列坐标分别为 x_1、x_2。阳线断脱疵病待检区域划分为三部分，即 R_1、R_2、R_3。设 x 表示疵病区域任意一点的列坐标，对满足 $x<x_1$ 的局部疵病点集判断是否贯通左边界，对满足 $x>x_2$ 的局部疵病点集判断是否贯通右边界，而矩形区域 R_2 则不需要进行贯通性扫描，可大大提高判断效率。

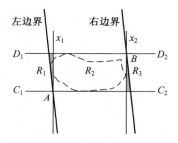

图 5-19　阳线断脱贯通性扫描区域

2. 蚀坑和裂纹疵病检测

见表 4-1,蚀坑和裂纹疵病径向深度均低于周围区域,二者不同之处在于区域形状,蚀坑两个方向上尺寸差别相对较小,裂纹形状为细长。常用于对区域进行描述的参数有

（1）形状参数 F,定义为

$$F = \frac{\parallel B \parallel^2}{4\pi \cdot A}$$ (5-14)

式中:B 为区域周长;A 为区域面积。

（2）偏心率 E,定义为

$$E = \frac{b}{a}$$ (5-15)

式中:b 为区域边界长轴长度;a 为区域边界短轴长度。

（3）圆形性 C,定义为

$$C = \frac{\mu_R}{\sigma_R}$$ (5-16)

式中:μ_R 为疵病区域重心到边界点的距离均值;σ_R 为疵病区域重心到边界点的距离均方差值。

（4）球状性 S,定义为

$$S = \frac{r_i}{r_c}$$ (5-17)

式中:r_i 为区域内切圆半径;r_c 为区域外接圆半径。

区域描述参数 F、E、C、S 在表达不同区域形状时各有特点,相比较而言,球状性参数 S 能较明显地区别出细长区域,且较容易计算,所以本书采用球状性参数 S 描述区域形状,计算方法如式(5-18)。r_i 和 r_c 可以分别用区域边界上所有点中与重心 $C(x_c, y_c)$ 的最小距离和最大距离表征,即

$$\begin{cases} r_i = \min\{d(Bm, C) \mid Bm \text{ 为区域边界上任意一点 C} \mid\} \\ r_c = \max\{d(Bm, C) \mid Bm \text{ 为区域边界上任意一点 C} \mid\} \end{cases}$$ (5-18)

去除表征阳线断脱疵病的区域后,对其余区域分别计算球状性因子 S,根据经验,定义 $S<0.2$ 的区域为裂纹,其他的则为蚀坑。图 5-20(a)标记出的区域为蚀坑检测结果;图 5-20(b)标记出的区域为裂纹检测结果。

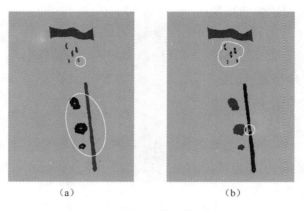

图 5-20　阳线蚀坑和裂纹检测结果

(a)蚀坑；(b)裂纹。

3. 烧蚀网疵病检测

烧蚀网疵病指的是一系列相互邻近的小裂纹，判别是否存在烧蚀网疵病特征需要以下几个步骤：

（1）找出面积小于某个阈值 A_{net} 的裂纹区域 $\{R_C(i)\}$，A_{net} 根据经验选取。

（2）任取其中的一个区域，记为 $R_C(m)$，在 $\{R_C(i)\mid i\neq m\}$ 中找出与 $R_C(m)$ 的中心间距小于某个阈值 D_{net}（根据经验选取）的其他区域，比如说 $R_C(k)$、$R_C(l)$ 和 $R_C(n)$，对这三个区域分别找出与它们的中心的间距小于 D_{net} 的其他区域，并继续寻找这些区域的邻近区域，直到在 $\{R_C(i)\}$ 中找不到其他邻近的区域为止，相邻近的区域构成如图 5-21 所示的树状结构。

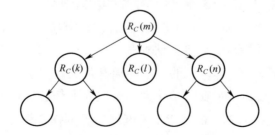

图 5-21　邻近区域构成的树状结构

（3）若在 $\{R_C(i)\}$ 中存在具有上述邻近关系的三个以上的区域，则定义为存在烧蚀网疵病。取 $A_{net}=600$，$D_{net}=50$，得到烧蚀网疵病检测结果，如图 5-22 标记区域所示。

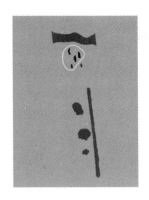

图 5-22　烧蚀网疵病检测结果

5.3.2　阴线挂铜和锈蚀疵病检测

这类疵病的特征是其径向深度比阴线表面径向深度值小,所以,检测这类疵病只要设置一个比阴线表面的灰度值略大的灰度阈值即可。在本例中,设置灰度阈值为 $T_C = 120$,只对展开图中的阴线区域进行并行区域分割,阳线区域显示为亮色,得到图 5-23 所示的区域分割结果,图中暗色部分即为阴线上高于阴线表面的区域。

图 5-23　阴线区域分割结果($T_C = 120$)

与阳线中的情况相似,在阴线和阳线交界处存在遮挡问题,导致该处测量数据点数少,误差大,所以,在检测阴线区域疵病时需将阳线区域适当放大。

去掉图 5-23 中面积较小的区域,如面积小于 30 的区域。图 5-24 是阳线两侧沿图像列方向各向外延伸四个像素位置,并去除了面积小于 30 的区

141

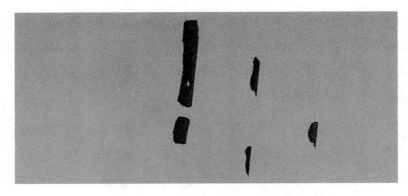

图 5-24　去除小区域后区域分割结果

域后得到的 5 个区域图像,这些图像均位于阴线上且高于阴线表面的区域。

　　阴线上高于阴线表面的区域可能是挂铜,也可能是锈蚀,由于二者没有明显的区域形状特征,因此无法直接通过区域形状特征加以区分。研究表明,挂铜与锈蚀疵病颜色特征不同,如果能够获取火炮身管内部的彩色图像,则可以在彩色图像中提取与挂铜、锈蚀对应区域像素的颜色信息,通过颜色差异对挂铜和锈蚀疵病进一步加以区分。

5.3.3　其他疵病检测

　　与阳线情形类似,阴线上也可能出现蚀坑、裂纹和烧蚀网疵病,其检测方法与 5.3.1 节所述阳线上相应疵病的检测方法相同,只是在区域分割时所用的灰度阈值应比阴线表面的灰度值略小,其它处理方法则相同。

　　与阴线情形类似,阳线上也可能出现挂铜和锈蚀疵病,其检测方法与 5.3.2 节所述阴线上相应疵病检测方法相同,只是在区域分割时所用的灰度阈值应比阳线表面的灰度值略大,其他处理方法则相同。

5.3.4　疵病位置与几何参数计算

　　疵病区域分割出来之后,需要对疵病区域进行描述。区域描述是对对象本身及对象间关系的描述。识别出疵病特征区域后,需要确定疵病位置并计算几何参数,如重心位置、面积大小和平均高度(深度)等。

　　给定一个疵病区域 R,其重心 $C(x_c, y_c)$ 的像素坐标可通过式(5-9)进行计算。x_c 表示图像列坐标,$C(x_c, y_c)$ 与火炮身管截面圆圆心 O 形成向量 **OC**,根据式(5-1),**OC** 与 X 轴正方向的夹角为

$$\theta_C = \arctan\left(\frac{y_C - y_0}{x_C - x_0}\right) \tag{5-19}$$

θ_C 表征了疵病区域的周向位置。

y_C 表示图像行坐标,假设图像第一行对应的轴向位置为 l_{s0},则重心 C 的轴向位置 $l_{sC}(\mathrm{mm})$ 为

$$l_{sC} = l_{s0} + \mu \cdot y_C \tag{5-20}$$

l_{sC} 表征了疵病区域重心 $C(x_C, y_C)$ 在火炮身管中的轴向位置。对于本章的例子,式(5-20)中的 $\mu = 0.1\mathrm{mm}/$像素,为像素当量长度。

疵病区域像素面积 A_m 与区域的像素面积 A 有关,单位为 mm^2。

$$A_m = \mu^2 \cdot A \tag{5-21}$$

式中: μ 为像素当量长度。

疵病区域 R 的平均灰度可依据 R 所含每个像素的灰度 $h(x_i, y_i)$ 计算:

$$\overline{I} = \frac{1}{A} \sum_{(x_i, y_i) \in R} h(x_i, y_i) \tag{5-22}$$

由式(5-7),疵病区域 R 的平均高度(深度)为

$$\overline{\mathrm{dep}} = \mathrm{dep}_{\min} + \frac{255 - \overline{h}}{255} \cdot (\mathrm{dep}_{\max} - \mathrm{dep}_{\min}) \tag{5-23}$$

式(5-23)所描述的疵病区域 R 的平均高度 $\overline{\mathrm{dep}}$ 是以 ρ_0 作为基准的, ρ_0 为阴线圆半径与阳线圆半径的均值。由 $\overline{\mathrm{dep}}$ 可以计算出 R 的平均径向深度为

$$\overline{\rho} = \rho_0 + \overline{\mathrm{dep}} \tag{5-24}$$

对图 5-25 阳线上的几个较大疵病特征区域进行计算,结果见表 5-1。

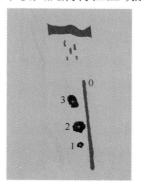

图 5-25　阳线主要疵病编号

表 5-1　疵病特征参数

区域编号 N	0	1	2	3
重心列坐标 x_C/像素	444	416	412	392
OC 与 X 轴正向夹角 θ_C/(°)	243.7	241.2	240.9	239.1
重心行坐标 y_C/像素	181	122	183	268
重心轴向位置 l_{sC}/mm	518.1	512.2	518.3	526.8
区域像素面积 A/像素	3284	322	1255	1096
区域面积 A_m/mm²	32.84	3.22	12.55	10.96
平均灰度 $\overline{I}$	175	175	170	170
平均深度 $\overline{\text{dep}}$/mm	-0.82	-0.82	-0.73	-0.73

对用于模拟这些疵病特征的实物进行测量,得到表 5-2 所列的疵病特征参数,与表 5-1 对比可知,检测结果与实测结果基本吻合。

表 5-2　疵病特征实测数据

区域编号 N	0	1	2	3
OC 与 X 轴正向夹角 θ_C/(°)	244	241	241	239
重心轴向位置 l_{sC}/mm	518	512	518	527
区域面积 A_m/mm²	30	4.9	13.8	12
平均深度 $\overline{\text{dep}}$/mm	-0.67	-0.67	-0.67	-0.67

5.3.5　疵病检测精度评价

对于上述四个区域,由 ITD 图像计算的疵病特征与直接测量值对比结果如图 5-26 所示。

各参数的最大误差如下:

(a) OC 与 X 轴正向夹角 θ_C/(°),最大误差为±0.3°;

(b) 重心轴向位置 l_{sC}/mm,最大误差为±0.3mm;

(c) 区域面积 A_m/mm²,最大相对误差为 9.47%;

(d) 平均深度 $\overline{\text{dep}}$/mm,最大误差为±0.15mm。

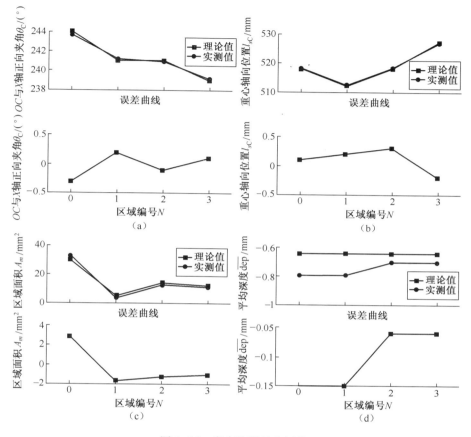

图 5-26　疵病检测精度评价

5.4　复合疵病检测法

基于火炮身管内腔三维测量数据得到的 ITD 图像中没有内腔表面的颜色和表面纹理信息,因此,仅仅基于 ITD 进行疵病检测是不完整和不全面的。例如对于挂铜和锈蚀疵病,因为没有明显的形状特征,应用灰度 ITD 无法对这两种疵病加以区分。另外对于极浅的烧蚀网灰度 ITD 也无能为力。因此,在疵病检测过程中融合表面颜色和纹理信息是必要的。

采用 LED 平面光传感器获得内腔圆柱段表面图像,通过空间变换可以得到展开图像,如图 5-27(a)所示,图 5-27(b)所示为同一部位的灰度 ITD 图像。

（a）

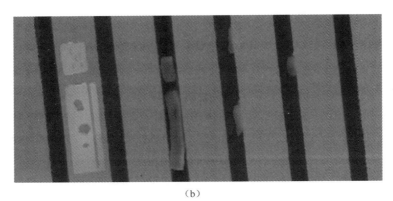

（b）

图 5-27　平面光展开图像与 ITD 对照

（a）LED 平面光展开图像（放大 121%）；（b）同一部位的 ITD 图像。

对比图 5-27 的（a）和（b），二者非常相似，由于生成平面光展开图像时的像素当量长度与生成 ITD 时的不相同，平面光展开图像描述 360°阳线圆用 3418 个像素，ITD 图像描述 360°阳线圆用 4135 个像素，因此，将前者放大至 $K=4135/3418=121.0\%$ 后，二者高度相似。由于成像原理不同，两幅图像上的疵病特征区域之间不存在准确的线性对应关系，但由于疵病特征的深度较小，可以近似认为存在一种线性对应关系。

图 5-28 中，设 $P(i,j)$ 表示 ITD 图像上疵病区域 R 中某一个像素，在对应的平面光展开图像中存在 $P(i,j)$ 映射的像点 $P_I(m,n)$，$P(i,j)$ 与 $P_I(m,n)$ 两点坐标之间映射关系如下：

$$\begin{cases} m = i/K \\ n = j/K \end{cases} \tag{5-25}$$

R 所有像素在平面光展开图像中的像集合 R_I，R 与 R_I 之间的映射关系如图 5-28 所示。

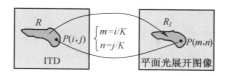

图 5-28 R 与 R_I 映射关系

基于 ITD 图像方法检测出疵病特征区域后，以阳线表面疵病为例，如果疵病区域径向深度小于阳线表面的径向深度，为了进一步确定疵病类型是挂铜还是锈蚀，还需参考疵病区域在平面光展开图像中的像区域 R_I，从 R_I 中提取颜色信息，以进一步确定疵病类型。阴线表面的挂铜与锈蚀疵病检测可做相同处理。

图 5-29（a）所示为锈蚀表面，图 5-29（b）所示为紫铜表面。与紫铜表面相比，锈蚀表面上各像素点颜色离散度较大。

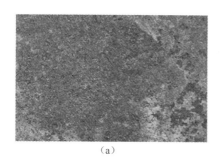

（a） （b）

图 5-29 锈蚀与紫铜表面颜色对照
（a）锈蚀；（b）紫铜。

根据这个特点，计算组成区域 R_I 的各个像素 $P_I(m,n)$ 的颜色的均方差 σ_I，若该值大于某个值 T_I，则判断为锈蚀，否则为挂铜。阈值 T_I 根据实际经验设定。

$$\overline{h_R} = \frac{1}{N_I} \sum_{P_I(m,n) \in R_I} h_R(m,n) \tag{5-26}$$

$$\overline{h_G} = \frac{1}{N_I} \sum_{P_I(m,n) \in R_I} h_G(m,n) \tag{5-27}$$

$$\overline{h_B} = \frac{1}{N_I} \sum_{P_I(m,n) \in R_I} h_B(m,n) \tag{5-28}$$

$$\sigma_I = \frac{1}{N_I} \sum_{P_I(m,n) \in R_I} ((h_R(m,n) - \overline{h_R})^2 + (h_G(m,n) - \overline{h_G})^2 + (h_B(m,n) - \overline{h_B})^2)$$

$$(5-29)$$

式(5-26)~式(5-29)中:N_I 为组成区域 R_I 的像素个数;$h_R(m,n)$、$h_G(m,n)$、$h_B(m,n)$ 分别为像素 $P_I(m,n)$ 的 R、G、B 颜色分量。

对图 5-29 中的两幅图像进行统计分析,结果见表 5-3,可以看出,两种特征的颜色均方差 σ_I 的差别很大。

表 5-3　锈蚀与紫铜区域颜色统计

	I_R	I_G	I_B	σ_I
锈蚀	150	110	75	2239
紫铜	175	101	59	287

在以上疵病检测过程中,将火炮身管内膛表面各测点的三维坐标数据与平面光图像的颜色信息有机融合,这种复合疵病检测方法也可以称为四维检测法。

参 考 文 献

[1] 肖定国,徐春广,冯忠伟,等.光学测孔内壁疵病的方法:中国,200710142855.8[P].2010-9-1.

[2] 郑军,徐春广,肖定国,等.火炮身管内表面综合测量系统研究[J].北京理工大学学报,2003,23(6):694-698.

[3] 曾朝阳,赵继广.火炮身管疵病深度测量系统[J].光学精密工程,2010,18(10):2221-2230.

[4] 李建锋,史金霞,安宜贵.炮膛疵病检测系统设计[J].自动化技术与应用,2007,26(6):77-78.

[5] 刘中生,徐春广,郑军.基于环形光投射成像法的管内壁尺寸表貌测量系统[J].计量与测试技术,2002,29(5):12-13.

第6章 内孔几何参数和疵病特征的结构光测量系统

前面几章详细介绍了基于点、线、面结构光测量内孔几何参数和疵病特征的基本原理,要实现对内孔零件的非接触、自动化精确测量,除了要设计合理的光学测量头装置外,还需要相应的机电辅助设备,如自动行走机构、定心支撑机构等,同时需要开发相应的软件系统对各个部分进行协调控制。由于测量系统涉及精密机械、结构光、自动控制、图像处理等多种技术,因此其测量性能受多种因素影响。测量误差也由多方面因素引起,主要有机械系统误差、光学系统误差、被测物体表面特性引起的误差、测量环境引起的误差以及软件处理引入的误差。本章重点介绍了各个测量系统的组成,并全面分析了测量系统产生误差的原因,提出了降低系统测量误差和提高系统性能的措施,并提出了验证测量系统性能的方法。

6.1 测量系统总体构成

根据测量原理的不同,内孔几何参数和疵病特征的结构光测量系统可分为点结构光测量系统、线结构光测量系统和面结构光测量系统,其主要区别是测量头装置不同。为了保证测量头装置与被测孔同轴,每种测量头装置都要通过定心支撑机构置于被测孔内,为了测量被测深孔的整体轮廓,还需要有自动行走机构牵引着测量头装置沿着被测孔的轴向移动,因此,基于结构光的深孔几何参数测量系统是一个综合运用机械、光学、电子学和计算机控制及软件技术等多学科现代技术的复杂系统,系统总体结构组成如图 6-1 所示。图中的测量头装置指本书前几章介绍的点结构光测量头装置、线结构光测量头装置或面结构光测量头装置。

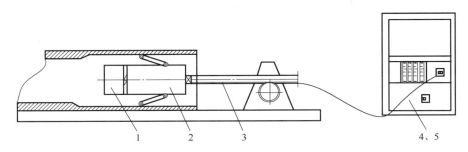

图 6-1　复杂深孔内轮廓测量系统总体结构示意图

1—测量头装置;2—定心支撑装置;3—自动行走装置;4—伺服驱动系统;5—控制软件。

6.1.1　点结构光测量系统

点结构光测量系统逻辑构成如图 6-2,系统工作过程如下:安装有激光传感器的测量头装置通过带弹性支撑爪的定心支撑机构置于深孔内,在自动行走装置的带动下沿深孔轴线方向运动到轴向指定位置后,计算机发出指令控制测量头装置内的回转机构带动高精度激光传感器绕深孔轴线扫描一周后得到由一组 (r,θ) 数据表达的截面轮廓,r 指各个被测点到传感器回转中心的距离,由激光传感器测量,θ 指激光束与坐标轴间的夹角,由圆光栅传感器测量。通过数据处理,即可得出该截面的几何参数。自动行走装置带动测量头装置在深孔内连续运动时,即可获得各个截面的测量数据,综合所有截面的测量数据可以得到被测内孔的三维几何参数。

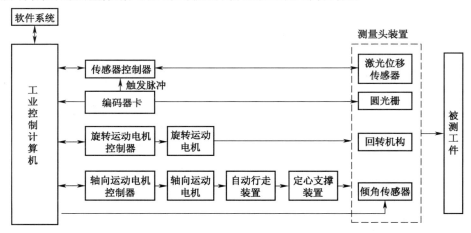

图 6-2　点结构光测量系统逻辑构成框图

点结构光测量系统中,由于 r 和 θ 由不同的传感器测量,为了保证测量精度,需要采取措施进行同步采集 r 和 θ,本书利用编码器信号处理卡 PCI-8124 实现 r 和 θ 的同步采集。PCI-8124 在采集角位置 θ 时,可以按一定的角位置间隔 $\Delta\theta$ 输出同步脉冲,触发激光传感器采集半径 r,实现等角度间隔采集截面轮廓数据,原理如图 6-3 所示[1]。

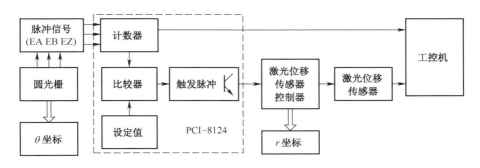

图 6-3　基于 PCI-8124 卡的等角度间隔数据采集原理

在等角度间隔数据采集过程中,要求激光位移传感器的控制器工作在同步输入的模式下[2],以基恩士 LK-G5000 为例,其同步输入信号由 IO 接口中的 TIMING1 端子接收,如图 6-4 所示。

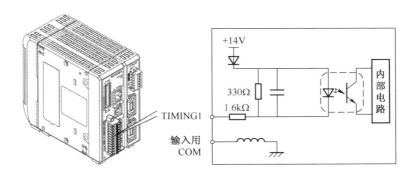

图 6-4　基恩士 LK-G5000 的同步输入信号

基恩士 LK-G5000 内部具有存储器,可以存储采集的数据,一次最多可以存储 1200000 个测量数据,将基恩士 LK-G5000 设置为同步输入模式后,设定开始数据存储和停止数据存储的条件,一旦开始数据存储的条件满足,基恩士 LK-G5000 每接收到一个触发脉冲,就自动将当前数据存储起来,直至达到停止数据存储的条件,然后可以利用基恩士 LK-G5000 提供的动态函数库由 USB 接口批量读取采集的数据。其同步输入模式的工作时序如

图 6-5 所示。激光传感器位于水平位置时开始数据存储,旋转 360°(若 PCI-8124 每隔 0.088° 输出一个同步触发脉冲,360° 共输出 4096 个同步触发脉冲)后结束数据存储。

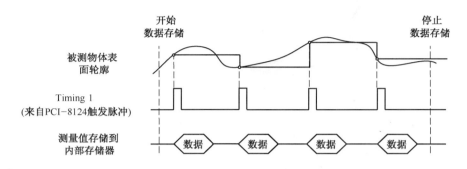

图 6-5　基恩士 LK-G5000 的同步输入模式

1. 测量头装置

点结构光内孔测量头装置主要由激光传感器、圆光栅、倾角传感器、转轴、壳体等组成,如图 6-6 所示。

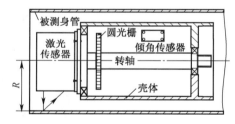

（a）　　　　　　　　　　　　　　　　（b）

图 6-6　点结构光测量头装置

（a）实物图；（b）结构图。

激光传感器固定在转轴上,转轴两端通过轴承支撑在壳体上,壳体与定心支撑结构和自动行走装置连接在一起。电机通过齿轮传动(图上未标出此部分)带动转轴转动,转动的角度由圆光栅测量,与转动角度对应的半径值由激光传感器测量。为了补偿由测量头装置扭转引起的角度测量误差,在壳体上固定了一个倾角传感器,在测量前,先记录倾角传感器的值作为壳体扭转角度的初始值,每一次截面检测开始前,记录倾角传感器新的测量值,计算其与测量初值的差值,这个差值即为测量头装置壳体的微小扭转角。把这个差值作为算法的修正值进行补偿,以此来降低测量头装置绕轴线扭转带来的检测误差,提高测量精度。

2. 定心支撑装置

定心支撑装置用于测量头装置在被测孔内的定心,支撑时需要满足以下几个条件:

(1)具有自定心功能,即在无人为调整的条件下,将定心装置放入规则的孔内,定心装置的中心轴线同孔的轴线满足一定的同轴性要求。由于测量头装置具有一定的重量,因此要求在一定负载条件下保持相同的同轴特性。

(2)具有弹性张力,为了实现自动化检测,结构光测量头装置需要沿孔轴线方向移动。由于同一孔零件在不同轴向位置上的内径会发生变化,因此要求定心支撑装置随内径的变化自动调整,同时满足同轴性的要求。

(3)结构简单,机械性能良好,为了便于系统的集成、安装及拆卸等操作,要求定性支撑件的结构简单、模块化,同时具有良好的机械性能。

目前,用于孔内定心支撑的装置主要可以分成两类:带自动行走功能型和不带自动行走功能型。带自动行走功能的孔内定心支撑装置自身带有驱动系统,可以实现较长距离的运动,并且在形状复杂的孔内容易调整姿势,自动化程度较高。但是,装置结构较复杂,不容易实现小型化,在测量口径较小的孔时会受到限制。同时,由于存在更多的装配误差,定心精度受到影响。不带自动行走功能的孔内定心支撑装置,自身不带有驱动系统,需要通过外加自动行走装置实现行走,整体结构简单,稳定性高,其定心支撑功能一般采用支撑爪实现。

本书采用的定心支撑装置如 6-7 所示。支撑爪一端所装的滚轮在孔内表面上滚动,另一端被加工成齿状,与齿条啮合。齿条在弹簧推力的作用下在支撑体中滑动,带动支撑爪张开与闭合,以适应孔内径的变化。由于采用四个完全相同的联动支撑爪,某一个支撑爪的微小变化都将会带动其余三个同时实现张开或闭合,因此,该装置具有良好的自动定心作用。为了简化设计,齿条的作用不仅是在支撑体中滑动,带动支撑爪张开和闭合,而且还起着弹簧导杆的作用。弹簧锁紧螺母可以方便实现弹簧不同刚度的预紧,调整支承装置的支撑力。支撑爪锁紧螺母用于控制支撑爪的张开量,以方便将定心支承装置装入被测圆柱孔内。

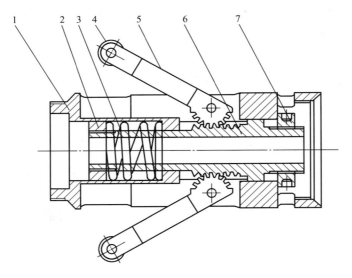

图 6-7　定心支撑装置的基本结构

1—支撑体;2—弹簧锁紧螺母;3—弹簧;4—滚轮;5—支撑爪;6—齿条;7—支撑爪锁紧螺母。

3. 自动行走装置

当定心支撑装置不带自动行走功能时,还需要外加自动行走装置牵引测量头装置沿孔的轴向移动,为了实现整个孔腔的自动测量,要求自动行走装置满足以下条件:

(1) 具有较高的轴向定位精度;

(2) 具有往复运动功能;

(3) 能够限制结构光测量头装置沿孔周向旋转。

一般可以通过钢绳牵引或传动系统(如齿轮齿条传动系统、丝杠螺母传动系统)实现测量头装置沿孔轴向移动。若用钢绳做牵引,在不考虑弹性形变的前提下,可以获得很高的单向运动精度,但不能实现反向运动,影响了系统的可操作性,同时,钢绳牵引系统无法限制结构光测量头装置沿孔周向转动,从而导致不同轴向位置的截面轮廓产生附加扭转,引起测量误差。扭转角度较小时,可通过倾角传感器对测量误差进行补偿,扭转角度较大甚至超过整圈时,将无法对测量误差进行补偿。齿轮齿条装置是常用的传动系统,容易实现往复运动,并且由于齿条本身不会发生扭转,可以保证测量头装置不发生轴向扭转。但是,由于齿轮、齿条存在制造、啮合误差,该传动系统会随传送距离的增加而形成较大的累积误差。因此,若采用齿轮齿条传动系统作为测量头装置的牵引装置,还需对其轴向测量结果进行误差校准(如采用激光干涉仪)。

当被测孔的轴向长度较大,如最大长度接近甚至超过10m时,制造超过10m的齿条有较大的困难,需要采用多条齿条连接的方式,齿条同齿条之间可以采用定位销进行快速连接。若单个齿条的长度为1.6m,约需要7根齿条才能测量10m长的深孔。

4. 伺服驱动系统

伺服驱动系统用于控制轴向运动电机和旋转运动电机的运动,从而实现对结构光测量头装置轴向位置和回转位置的精确控制,这两个运动不需要同步,均是独立的运动,为了使系统紧凑,可以选用智能驱动器,这类驱动器一般提供与计算机的通信接口和通信函数,可通过编写上位机人机接口程序,直接实现对电机的闭环控制。图6-8是伺服驱动系统所用的驱动器和电机。轴向运动的驱动器采用的是Elmo公司的Basson型数字伺服驱动器[3],回转运动的驱动器采用的是Copley公司的AEP型数字伺服驱动器[4]。计算机同驱动器之间通过RS232(串口)通信,计算机由串口向驱动器发送指令,驱动器由串口返回电机的当前位置信息和状态信息。圆光栅测量的角度信息由AEP的辅助编码器接口接收,并经过串口传送到计算机。通过采用串口通信,简化了驱动系统的开发过程,提高了驱动模块的通用性。

　　　　（a）　　　　　　　　　　　　　　　　　　　　（b）

图6-8　伺服驱动系统

(a)轴向运动电机与驱动器;(b)旋转运动电机与驱动器。

5. 软件系统

软件是结构光测量系统的重要组成部分,通过软件实现用户与系统的交互,控制系统各个部分协调工作,图6-9是软件系统的基本结构。用户交互层是软件和用户的接口,主要功能包括参数设置、数据显示和文件管理,其中参数设置模块用于设置测量速度、轴向测量间隔等测量参数,数据显示模块是用图形或图表的方式直观显示测量过程和测量结果,文件管理模块负责有效的组织和管理测量过程中形成的各种文件,主要对采集的数据和数据处理后的图片及结果进行导出保存和导入再现。核心层是实现软件系统功能的核心部分,主要有运动控制模块、系统标定模块、数据采集模块和数据处理模块,其中运动控制模块是保证测头和传感器按照指定的规律和精度运动的关键,包括手动运动控制和测量过程中的自动运动控制;系统标定模块用于对系统测量前的参数进行标定,标定的结果用于数据处理过程中的计算;数据采集模块负责采集结构光传感器、圆光栅、伺服驱动器等外部硬件发回来的各路数据,并对采集数据进行保存。数据处理模块负责对采集的数据进行分段、拟合、几何参数计算等处理,数据处理算法的先进程度,代码的优化程度直接影响到程序的执行效率。硬件相关层主要指各传感器、驱动器等硬件元件与计算机间的通信协议或函数,计算机通过这些通信函数才能直接访问到相关的硬件元件,本系统中的电机伺服驱动器、倾角传感器和圆光栅与计算机通过 RS232 进行通信,激光传感器与计算机通过 USB 接口进行通信。

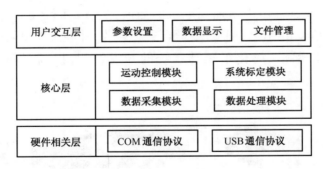

图 6-9　软件系统结构图

图 6-10 是软件系统主界面。系统的主要功能通过菜单和快捷工具条控制,左侧的图形区实时显示测量过程形成的图形,右侧上半部分以表格形式显示测量结果,下半部分用于设置测量参数和进行测量控制。

6.1.2　线结构光测量系统

线结构光测量系统的逻辑构成如图 6-11,系统工作过程如下:测量头装置通过带弹性支撑爪的定心支撑装置置于深孔内,在自动行走装置的带动下沿深孔轴线方向运动到轴向指定位置后,计算机发出指令控制测量头装

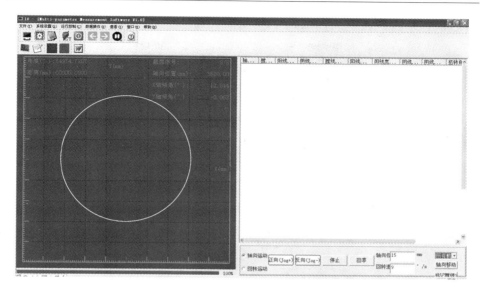

图 6-10　软件系统主界面

置拍摄一副深孔截面轮廓图像,通过图像处理,提取截面轮廓数据,通过数据处理,获得被测截面的几何量值。自动行走装置带动测量头装置在深孔内连续运动时,即可获得各个内孔的形廓数据,综合所有截面的测量数据可以得到被测内孔的三维几何参数。

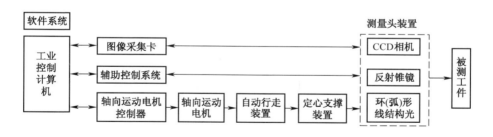

图 6-11　线结构光测量系统逻辑构成框图

线结构光测量系统同点结构光测量系统只是在测量头装置上有所不同,其他部分是相同或相似的,下面重点介绍线结构光测量系统的测量头装置。线结构光测量系统的测量头装置包括环形线结构光测量头装置和弧形线结构光测量头装置两种。

1. 环形线结构光测量头装置

环形线结构光测量头装置主要由环形线结构光发生器、反射锥镜、CCD

相机和玻璃支撑管组成,如图6-12所示。

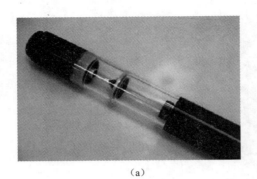

(a)

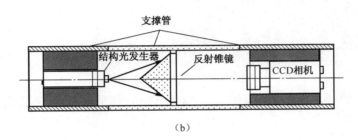

(b)

图6-12　环形线结构光测量头装置

(a)实物图;(b)结构图。

环形线结构光发生器的选择主要考虑了结构尺寸限制、产品质量和使用方便性。加拿大 StockerYale 公司的 LasirisTM SNF Laser 产品具有体积小、质量小、调整方便等优点,适合用于环形线结构光测量头装置中。在环形线结构光发生器及相机之间设置了半锥角为 ω 的反射锥镜,一方面能对小角度的结构光进行扩束,使整个测量头装置结构更加紧凑,另一方面,反射锥镜也避免了强激光直接照射 CCD 成像面,对相机具有保护作用。加工锥镜的常用材料有紫铜、钢材及光学玻璃,紫铜材料表面经磨削及抛光处理,钢材或光学玻璃锥镜需要在机加工后进行表面镀层。图6-13(a)所示为紫铜材料锥镜,图6-13(b)所示为钢材加表面镀层材料锥镜。

CCD 相机作为图像数据的采集装置,它的稳定性和分辨力在很大程度上影响测量精度。为了提高图像质量,应选择分辨力高的 CCD 相机。但是,盲目提高相机分辨力是不切实际的,原因有三个:①仅增加 CCD 相机的分辨力不可能无限制地提高系统的测量精度;②CCD 相机分辨力的提高将很大

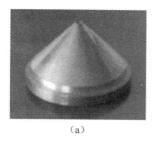
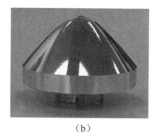

（a）　　　　　　　　　　　（b）

图 6-13　环形线结构光测量头装置的反射锥镜

（a）紫铜材料锥镜；（b）钢材表面加镀层。

程度地增加系统的成本；③CCD 相机分辨力的提高将导致数据大量增加，增加算法的复杂性和处理时间，降低测量效率。本书提到的 CCD 相机分辨力是 1600×1200 像素，像元间距是 4.4μm。

玻璃管的主要作用有两个方面，一方面是支承反射锥镜及安装相机，另一方面利用其较高的透光率实现光线的两次透射，以保证一次拍摄即可实现孔腔内轮廓 360° 全景测量。玻璃管的材料选用有机玻璃，有机玻璃具有透光率较高、机械强度较高、质量小且易于机械加工的特点。在满足机械强度要求的同时，玻璃管厚度 h 值要尽可能设计得小一些，以降低折射和散射误差。

2. 弧形线结构光测量头装置

弧形线结构光测量头装置主要由弧形线结构光发生器、CCD 相机和支撑壳体组成，如图 6-14 所示。

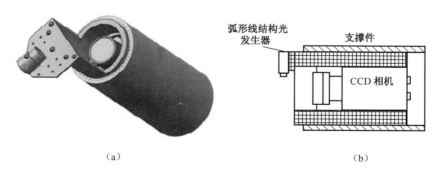

（a）　　　　　　　　　　　　　　　　（b）

图 6-14　弧形线结构光测量头装置

（a）实物图；（b）结构图。

其中弧形线结构光发生器发出的线状结构光经内部光学处理，形成平面状的结构光束,当测量头装置置于被测深孔内时,平面结构光与深孔的相贯线为一段圆弧,因此,将此测量头装置命名为弧形线结构光测量头装置。

与环形线结构光测量头装置相比,该测量系统去除了玻璃管与反射锥镜,使测量系统具有以下几个方面的特点:

(1)消除了玻璃管对光线产生的折射作用,因此被测点的轴向定位精度提高;

(2)消除了玻璃管材质不均匀性产生的光的散射,使截面轮廓亮条纹宽度减小,提高了图像信噪比和光条中心点的提取精度;

(3)消除了反射锥镜引入的表面畸变误差;

(4)从硬件上保证光平面与孔轴线垂直,使光平面数学模型简化;

(5)测量头装置需要绕轴线旋转几次才能实现孔腔内轮廓的360°全景测量。

6.1.3 面结构光测量系统

面结构光测量系统逻辑构成如图 6-15 所示,系统工作过程同线结构光测量系统的工作过程类似,但自动行走装置带动面结构光测量头装置沿深孔轴线方向运动到轴向指定位置后,由 LED 光源向一段孔内表面进行照明,CCD 相机摄取被照亮的内表面图像,获得的不是内孔的一个截面图像,而是一段截面图像。当自动行走装置连续运动时,通过对图像的变换、去噪及拼接等操作,可以得到整个内孔的展开图像,对该图像处理,可以进行疵病的提取、标记、特征计算和分类,最后得到深孔内表面各种疵病的轴向位置、周向位置、面积、表面颜色及纹理等信息。

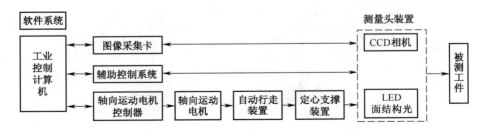

图 6-15　面结构光测量系统逻辑构成框图

面结构光测量系统除了测量头装置外,其他部分也与点结构光测量系统类似。面结构光测量头装置主要由 LED 面结构光光源、CCD 相机和支撑壳体组成,如图 6-16 所示。

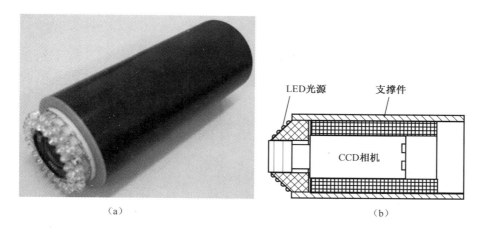

图 6-16 面结构光测量头装置

(a)实物图;(b)结构图。

作为照明装置的 LED 光源,具有光源体座和发光元件,发光元件沿周向配设在光源体座的外表面上,可对孔腔内表面进行整周均匀照明。采用 LED 作为发光元件,可保证光的稳定和光强度,此外,LED 具有寿命长(10000~50000h),体积小、质量小,功耗低,反应速度快,发光效率高等优点。由于没有玻璃及灯丝等,其耐冲击性优良,机械性故障问题少。另外,LED 是冷光源,对散热的要求较低。

6.2 误 差 分 析

对于一个测量系统来说,全面分析可能产生误差的因素是降低系统测量误差和提高系统性能的一项重要任务。按照误差的性质和特点,一般分为系统误差、随机误差和粗大误差三类。系统误差是指那些在多次测量时按一定规律变化的误差;随机误差是指在多次测量时按不可预定方式变化的误差;粗大误差是指超出规定条件下预期的误差[5]。

本书提到的测量系统涉及精密机械、结构光、LED 光源、控制技术、计算机、数据采集和图像处理等多种技术和设备,因此,系统的测量误差也是由多方面因素引起的。主要有机械系统误差、光学系统误差、被测物体表面特性引起的误差、测量环境引起的误差以及软件处理引入的误差。下面以线结构光测量系统为例介绍其误差分析方法和减小误差的具体措施。

6.2.1 机械系统误差分析

机械系统主要包括定心支承装置和自动行走装置,它们实现了测量头装置在被测深孔内的自动定心和行走功能。定心支承装置的误差会引起测量头装置相对于被测深孔轴线的偏移和偏转,造成测量误差。自动行走装置依靠齿轮齿条传动实现,传动误差也将带来轴向位置测量误差。

1. 定心支承装置带来的误差

定心支承装置的零件加工误差和装配误差在测量系统中表现为测量头装置相对于被测深孔轴线的偏移误差和偏转误差。图 6-17 所示为环形线结构光测量头装置相对被测孔轴线发生偏移的成像过程示意图,成像中心线与深孔轴线发生平移,因此内表面被测量点到成像中心线的距离由原来对称相等的 R 值变为非对称值 R_i,它们之间的关系表示为

$$R_i = \sqrt{R^2 + \delta^2 + 2R\delta\sin\theta} \tag{6-1}$$

式中: δ 为测量头装置相对于深孔轴线的偏移误差。

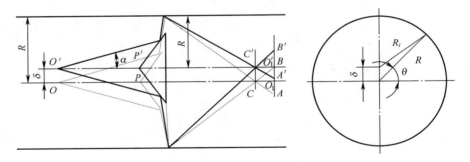

图 6-17 定心支承装置带来的偏移误差

图 6-18 所示为环形线结构光测量头装置相对被测孔轴线发生偏转的成像过程示意图。设成像中心线与深孔轴线的偏转角度为 φ ,在环形线结构光投射到深孔内表面的范围内,可以认为成像中心线与深孔轴线发生了 δ_1 到 δ_2 范围内的平移,最大值为 δ_2 ,所以成像中心线偏转造成的最大误差可以认为是 δ_2 处的平移误差。由图中可以得到

$$\delta_2 = \frac{R_i}{\cos\varphi} - R \tag{6-2}$$

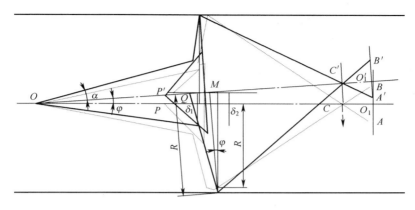

图 6-18　定心支承装置带来的偏转误差

2. 自动行走装置带来的误差

系统的自动行走装置由伺服电机和齿轮齿条组成,电机的旋转运动通过减速器和齿轮齿条转化为测量头装置的轴向移动。其轴向位置由装在电机轴上的光电旋转编码器读取,通过计算得到测量头装置的轴向移动长度量。轴向位置的误差主要来源于齿轮齿条的固有误差和装配误差。其中齿轮齿条的固有误差即加工齿轮过程中产生的误差。如齿轮的基圆偏心、齿厚波动、齿形误差、齿向误差和基节偏差等。装配误差即齿轮齿条与其他零件装配后,由相关零件误差或装配误差所引起的误差。如齿轮与轴的装配误差、轴心线的不平行度和歪斜、轴的误差、轴承误差等。各项误差可以按照机械设计手册[6]有关内容计算,由于各项误差的最大值一般不出现在同一方向上,故运动误差的综合值采用各个误差的平方和再求平方根的方法计算。

6.2.2　光学系统误差分析

环形线结构光测量系统的光学系统误差主要由环形线结构光发生器和 CCD 相机成像系统引起。

1. 环形线结构光发生器的误差

理想的环形线结构光发生器可提供一个宽度较小的环形结构光源,但由于半导体结构光发生器本身的特性以及光学器件在制造过程中不可避免的误差,导致实际使用的环形线结构光发生器与理想环形线结构光发生器之间存在一定的差距,从而对测量结果产生影响。具体包括三个方面:①环形线结构光的圆度误差,该误差的产生原因主要来自光学透镜的质量;②环形线结构光光源不稳定性带来的误差,在系统中体现为结构光的功率不稳定而造成结构光条纹宽度及光强分布不稳定;③环形结构光投影质量引起的误差,它与光学反射锥镜、被测物体的表面特性和测量环境等因素之间相互影响。

2. CCD 相机的影响[7]

(1)噪声影响。CCD 相机是一种光电子转换器件,其噪声来自许多方面,主要包括输出级噪声、暗电流噪声、散粒噪声和转移噪声等。这些噪声会降低环形激光和 LED 光源的图像质量,在系统标定时降低标定数据的精度,从而影响标定方程的建立;在测量过程中,使提取的环形激光条纹中心产生误差,降低测量精度。

(2)量化误差。量化误差包含两个方面:①灰度级的量化误差,理想的光场亮度是一个连续变化的物理量,但在数字灰度图像中,所有的亮度被限制为 0~255 之间的一个整数,出现了灰度级量化误差。②空间位置的误差,理想光场在空间位置是一个连续的物理量,但数字图像实际上是对连续光场的离散采样,因为 CCD 像素大小的限制,在数字图像中位置的分辨力被限制为一个像素,出现了空间上的量化误差。

(3)CCD 像素感光性不一致误差。因为 CCD 感光元素在空间上和时间上的感光性能的不一致,从而引起数字图像的灰度分布和光场的亮度分布不一致,甚至出现"闪烁"现象,从而引起误差。

(4)CCD 的过饱和误差。设 CCD 感光元素对亮度 T 产生最大输出 U_{max},当光场亮度 G 大于等于 T 时,光场亮度的变化并不引起 CCD 感光元素输出的变化。导致数字的图像的灰度分布和光场亮度分布的不一致。

3. 光学系统像差的影响

光学系统中,若将透镜假设为一理想的薄透镜,在物点与光学中心间画一条直线,该直线与像平面的交点就是对应的像点。但实际上,透镜既不是理想的,也不是很薄的,这就意味着空间的所有点并不是通过同一个光学中心。在理想光学系统中,在一对共轭的物像平面上,放大率是常数,但对于实际光学系统,只有视场较小时才具有这一性质,当视场较大时,像的放大率就要随视场而异,从而引起成像畸变,使像相对于物失去相似性。这种畸变仅引起像变形,而对像的清晰度并无影响。

6.2.3 被测表面特性的影响

被测孔的表面特性对测量精度的影响主要表现在两个方面:一是被测孔的表面形状影响环形结构光的重心偏移,二是被测孔的表面粗糙度影响结构光的散射强度分布。这些因素影响深孔截面的成像质量,决定了环形光条中心位置提取算法的复杂程度和精度。

1. 被测表面形状的影响

文献[8]建立了结构光条纹在物体表面的散射模型,如图6-19所示。

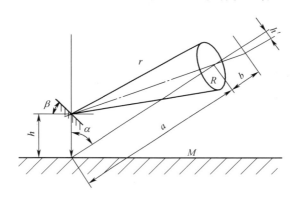

图6-19 表面特性对测量精度的影响

图6-19中,α为结构光与成像系统光轴的夹角,β为入射结构光与被测表面法线的夹角。假设物体表面为一个理想散射面,根据光功率定义,CCD相机获得的光功率为

$$P = I\Omega \tag{6-3}$$

式中:I为成像透镜处的光强;Ω为透镜对散射点的立体角。在透镜的口径远小于散射点到透镜的距离以及透镜口径内的光强近似相等的基础上,可计算光强:

$$I = I_0\cos(\alpha - \beta) \tag{6-4}$$

从图可知

$$\Omega = \pi R^2/r^2 \tag{6-5}$$

$$r = a - h\cos\alpha \tag{6-6}$$

其中:r为散射点到透镜中心的距离,R/r很小。于是

$$P = I_0\frac{\pi R^2\cos(\alpha - \beta)}{(a - h\cos\alpha)^2} \tag{6-7}$$

式中:a 为镜头中心与结构光照射到参考平面上 M 的交点的距离。

从式(6-7)可知,CCD 获得的光功率不仅与结构参数 R、a、α 有关,而且与被测表面的形状参数 β 有关。文献[9]推导了测量高度范围较小的情况下,即 $h = a$,$R = a$,高度 h 和结构光条纹中心偏移误差 Δx 的关系为

$$\Delta x = L_0 \frac{R}{a}\left(1 - \frac{h}{a}\cos\alpha\right)\left(1 + \frac{h}{2a}\cos\alpha\right)\tan^{-1}\alpha\tan\beta \qquad (6-8)$$

式中:L_0 为入射光在被测表面垂直入射的结构光条纹宽度。式(6-8)对系统的结构参数以及表面散射特性做了许多假设,因此只能用来对被测物体表面形状引起的误差进行定性分析。具体来说,结构光条纹中心位置的偏移随物体表面倾角 β 以正切函数方式迅速增大,当 $\beta > 60°$ 时,β 引起的偏移误差较大。

2. 被测表面散射特性对测量的影响

理想的漫反射表面可用 Lambert 模型描述,镜面反射可用 Phong 模型描述[9],如图 6-20 所示。

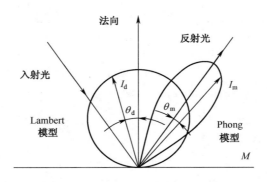

图 6-20　Lambert 模型和 Phong 模型示意图

Lambert 模型的表达式为

$$I_d = K_d I_i \cos\theta_d \qquad (6-9)$$

式中:I_d 为漫反射光光强;K_d 为漫反射率;I_i 为入射光光强;θ_d 为所求漫反射光的方向与被测物体表面法线的夹角。

从式(6-9)可知,理想漫反射体的反射光场空间分布与入射光方向无关,只与漫反射体的空间取向有关。

镜面反射的 Phong 模型表达式为

$$I_m = K_m I_i \cos^n\theta_m \qquad (6-10)$$

式中：I_m 为镜面反射光光强；K_m 为镜面反射率；I_i 为入射光光强；θ_m 为观察方向与光线正反射方向的夹角。

从图 6-20 中可知,镜面反射光强的方向调制大于漫反射,即镜面反射光的强度随方向变化大,因而镜面反射引起的误差大于漫反射。在测量过程中,为了减少误差,应使被测表面产生漫反射。孔表面散射特性的影响体现为:结构光条纹宽度越宽,则引起的条纹中心偏移越大;结构光条纹宽度一定时,光反射点到 CCD 的距离愈大,引起的偏移越小;对于深孔内表面的测量,主要考虑使被测表面产生漫反射。

6.2.4　其他影响因素

1. 测量环境的影响

测量环境的明暗程度也是影响测量精度的一个因素。采用环形线结构光传感器测量时,若环境光照的强度比较强,需要增强结构光的强度,这就给系统引入了不利因素。首先,增大了 CCD 图像的噪声,使结构光条纹的图像质量下降;其次,结构光条纹宽度增加。这些因素都不利于环形光条纹中心线的提取,不可避免地引起测量误差。

2. 图像处理方法的影响

当对内孔截面参数进行测量时,环形结构光条纹中心的提取精度对参数计算的精度影响很大。如果提取的条纹中心位置不准确,则得不到正确的内孔截面轮廓,也无法得到正确的内径尺寸等几何参数,进行三维重构时也会使深孔内表面形貌失真。

6.3　减小误差的措施

线结构光测量系统的误差因素确定后,可针对不同的误差来源采取相应的措施减少误差,提高测量系统的精度。

6.3.1　减小机械系统误差的措施

系统的机械精度是提高测量精度的基础,因此,要将机械系统引入的误差控制在一定范围之内。对于自动定心支承装置,除了保证其加工精度之外,在进行系统安装过程中需要将装配误差减少到容许误差之内。而且,对这些硬件要进行周期性地检查和校正。

对于自动行走装置中齿轮齿条的传动误差,可以通过事先校准的方法解决。由轴向电机通过齿轮带动齿条移动到设定的若干工作点,各个工作点的指令位置由电机编码器获取,实际位置由精度更高(如精度为 $0.1\mu m$)的激光干涉仪测量,指令值与测量值的差就是测量误差。

图 6-21 表示了两根齿条的测量误差,每根齿条上采样 64 个点。

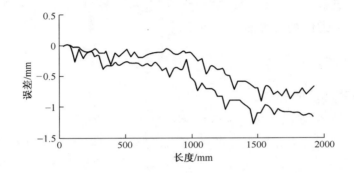

图 6-21　单根齿条传动误差曲线

当被测孔较深时,一般通过多个齿条首尾相接实现长距离测量,当采用多根齿条连接时,校准过程中需要考虑多根齿条的连接误差,将连接后的齿条看成一个整体进行误差分析和校准。图 6-22 表示了 6 根齿条按顺序连接后的整体误差,根据该整体误差曲线拟合得到一线性的误差补偿参数,通过该参数补偿后的结果如图 6-23 所示。由图中可以看出,校准后的误差是校准前误差的 1/7 左右,可满足系统的轴向测量精度要求。

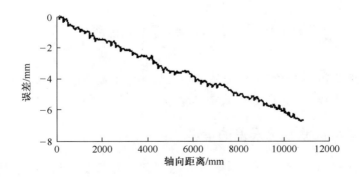

图 6-22　多根齿条连接后传动误差曲线

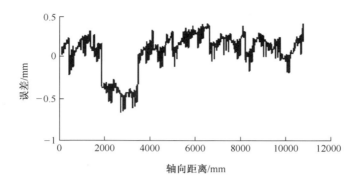

图 6-23　齿条校准后传动误差曲线

6.3.2　减小光学系统误差的措施

减小光学系统误差的关键是减小成像系统的误差,即减小环形线结构光源和 CCD 相机的误差。

环形结构光发生器照射到内孔表面的结构光条纹,光强基本上满足高斯分布。针对仍可能存在的结构光光源的不稳定误差,认为是随机误差,采用均值滤波和多图像平均法可减小其影响。环形结构光源的亮度应可以调节,从而解决 CCD 相机的过饱和问题。

CCD 相机作为图像数据采集装置,它的稳定性和分辨力在很大程度上影响测量精度。为了提高图像质量,应选择分辨力较高的 CCD 相机,以保证合适的测量分辨力,CCD 相机的图像噪声属于白噪声,可通过平滑滤波和多次测量取平均的方法减小影响。

6.3.3　减小图像处理误差的措施

1. 结构光条纹中心线的高精度提取

为了准确计算结构光条纹中心位置,本书给出了一些高精度计算光条纹中心的方法,例如,形态学细化算法与灰度重心法有机结合的方法。这种复合提取算法应用于带有阳线与阴线结构的复杂孔腔截面轮廓光条中心提取,使 ROI 区域更加合理,光条中心的提取精度较高;实验结果表明,该算法获取的光条中心线位置稳定,重复性误差在 0.15 个像素以下,有助于提高尺寸测量精度。

2. 采用亚像素细分图像处理算法

亚像素细分算法大致可以分为基于目标特征的算法和基于图像重建的算法两类。

1）基于目标特征的算法

基于目标特征的算法,利用目标特征进行细分计算,有形心法、参数回归法和相关算子法等算法[10]。

（1）形心法。在许多情况下,处理的目标是一个点团,在点团附近,像素的灰度值大致相同,因此可以用其形心代替其坐标,精度可以达到 0.1×0.1 像素。加权形心和带门限形心算法的精度可达 0.02×0.02 像素,其点团的形心坐标可表达为

$$\begin{cases} \bar{x} = \dfrac{\sum \sum i \cdot (T - H_s(i,j))}{\sum \sum (T - H_s(i,j))} \\[4mm] \bar{y} = \dfrac{\sum \sum j \cdot (T - H_s(i,j))}{\sum \sum (T - H_s(i,j))} \end{cases} \tag{6-11}$$

式中:$\bar{x}$、$\bar{y}$ 为点团形心坐标;T 为门限;$H_s(i,j)$ 为数字图像在(i,j)处的像素灰度值。

如果检测目标为特定的图形,如直线或椭圆等已知曲线,可以经过一定的变换（如 Hough 变换）使目标在变换空间中为一个点团,其形心坐标反映被测目标的参数。

（2）相关算子法。相关算子法是利用一个与待测目标灰度分布相近的模板在目标点附近进行相关运算,并对运算结果作二次曲面拟和,再取该曲面的最大值作为目标点。由于相关算子可取一定尺寸的运算窗口,故它具有较强的抗噪声能力。相关算子还可以用于检测目标的运动,如平移、转动和放大。

（3）参数回归法。设目标 M 具有特征方程 $F(x,y,C) = 0$,其中(x,y)为变量,C 为待测参数向量,则从图像中选取目标上的点列 $\{(x_i,y_i) \mid (x_i,y_i) \in M\}$,对 F 进行参数回归使得下式成立:

$$\min_C \frac{1}{2} \parallel F(x,y,C) \parallel_2^2 = \frac{1}{2} \sum_i F^2(x_i,y_i,C) \quad (\parallel F(x,y,C) \parallel_2 \text{为 } F \text{ 的 2 范数})$$

$$\tag{6-12}$$

该方法具有较强的抗噪能力和较高的精度。

2) 基于连续图像重建的方法[11]

一般的数字图像是对原始的连续图像进行离散采样得到的。设连续图像的灰度函数为 $H(x,y)$，沿 x 方向的采样间隔为 Δx，采样点数为 M；沿 y 方向的采样间隔为 Δy，采样点数为 N，则空域采样函数 $s(x,y)$，可表示为

$$s(x,y) = \sum_{i=1}^{M} \sum_{j=1}^{N} \delta(x - i\Delta x, y - j\Delta y) \tag{6-13}$$

式中：δ 为单位冲激函数。

于是便得到一个 $M \times N$ 的离散样本阵列，即数字图像：

$$H_s(u,v) = H(u,v) \cdot S(u,v) \tag{6-14}$$

其频谱 $F_s(u,v)$ 为 $H(x,y)$ 的频谱 $F(u,v)$ 与 $s(x,y)$ 的频谱 $S(u,v)$ 的卷积：

$$F_s(u,v) = F(u,v) \cdot S(u,v) \tag{6-15}$$

一般来说 $H(x,y)$ 具有无限高的分辨率和精度，但在数字图像检测系统中它是不可获得的，只能通过减小采样间隔 Δx、Δy 使得 $H_s(x,y)$ 逼近 $H(x,y)$，而减小采样间隔会受到 CCD 像素大小和光学系统等的限制。基于连续图像重建的思想就是采用一定的方法，通过 $H_s(x,y)$ 重建连续图像 $H(x,y)$ 或其近似图像，从而达到亚像素分辨力检测的目的。可采用的方法有空域重建、频域重建和小波重建。

空域重建利用像素点之间的空间关系，采用插值函数，对数字图像进行插值，重建连续图像。重建算法为

$$g(x,y) = \sum_{i=1}^{M} \sum_{j=1}^{N} H_s(i,j) \cdot h(x - i, y - j) \tag{6-16}$$

式中：$g(x,y)$ 为插值后的图像；$H_s(i,j)$ 为插值前的数字图像；M、N 为图像的长和宽（像素值）；h 为插值函数，一般采用双线性插值和双三次插值等。通过插值，可使图像的分辨力达 0.1×0.1 个像素以上。

综上对环形线结构光测量系统的分析，为了减少机械系统产生的误差，需对传动装置进行校准；为了减少光学系统产生的误差，应选用高质量的环形线结构光光源；为了减少软件处理产生的误差，应采用优秀算法提取结构光条纹中心线，并采用亚像素细分法提高图像的测量分辨力；通过采用上述减少误差的措施，可以提高系统的测量精度。对于其他用于深孔测量的结

构光测量系统,也可以采用类似的方法进行分析。

6.4　测量精度验证

在火炮身管等深孔测量中,孔直径(D)及孔截面间相对旋转角度(ϕ)是主要直接测量量,其他参数是以 D 和 ϕ 为基础进行计算得出的,因此,D 和 ϕ 的测量值直接影响最终的测量结果,必须保证 D 和 ϕ 的测量值在要求的范围内。下面以环形线结构光测量系统为例介绍其参数 D 和 ϕ 的测量精度验证过程和结果。

6.4.1　孔径测量精度验证

为了验证环形线结构光内孔几何参数测量系统的孔径测量精度,可选用带有多个台阶孔的圆筒作为待测对象,各台阶孔具有较高的几何精度和较小的表面粗糙度。各台阶孔的直径间隔为 2.5mm,其值由高精度标准测量设备(如三坐标测量机)测出,测量结果作为各台阶孔的直径真值。通过支撑机构将环形线结构光内孔几何参数测量系统的测量头装置定位在被测圆筒的内部,并保证同轴,测量出台阶孔的直径值,将标准测量设备的测量结果和环形结构光内孔几何参数测量系统的测量结果进行比较,可以得到环形结构光内孔几何参数测量系统的测量精度和测量重复性。

图 6-24 所示为环形线结构光内孔几何参数测量系统的精度验证曲线,其中图 6-24(a)为内径测量值和真值的关系曲线,图 6-24(b)为内径测量值的误差曲线,图 6-24(c)为测量重复性误差曲线,测量重复性误差是对其中某些台阶孔分别进行 10 次测量,并经数据处理得到的。

实验数据表明:线结构光内孔几何参数测量系统的内径测量精度可以达到 0.05mm,内径测量重复性可以达到 0.006mm。

由 3.2 节可知,线结构光内孔几何参数测量系统的内径测量原理分辨力为 0.122mm,本书采用高精度的结构光条纹中心线提取算法和亚像素细分算法,使得内径测量精度达到了 0.05mm。

6.4.2　旋转角度验证

截面间相对旋转角度的测量精度可采用如图 6-25 所示的装置进行验

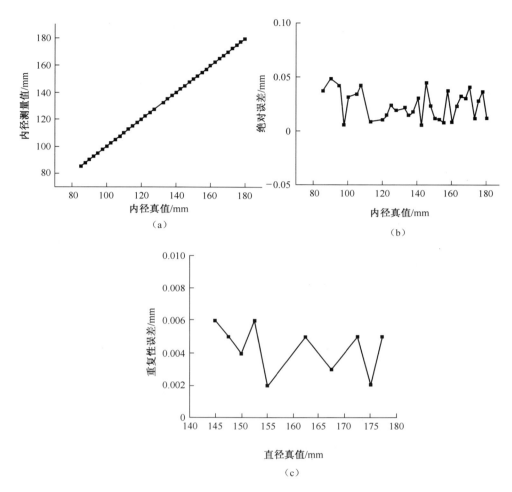

图 6-24　线结构光内孔几何参数测量系统孔径精度验证

(a)台阶圆筒的内径测量值和真值关系曲线;(b)台阶圆筒的内径测量值绝对误差;
(c)台阶圆筒的内径测量值重复性误差。

证。图中,A 为高精度旋转编码器,B 为支撑管,C 为旋转管,D 为线结构光测量头装置。旋转管 C 的内孔截面轮廓类似于火炮身管线膛部截面轮廓,由阴、阳膛线组成。旋转管 C 可以相对支撑管 B 转动。旋转编码器 A 的外壳与支撑管 B 的端盖固定,旋转编码器 A 的转轴与旋转管 C 的端盖连接。旋转管 C 相对于支持管 B 的旋转角度真值由旋转编码器 A 记录。通过支撑机构(图中未画出)将测量头装置 D 置于旋转管 C 的内部,并保证同轴。

　　角度测量精度的验证过程如下:

步骤1:转动管C之前,测量头装置采集一个截面的数据,旋转编码器A测量到旋转管C的角位置,记为α_1;

步骤2:转动旋转管C到某一角度,测量头装置再次采集同一截面的数据,旋转编码器A测量到旋转管C的角位置,记为α_2;

步骤3:对测量头装置先后两次获得的截面数据进行相关运算,得到旋转管C的旋转角度测量值,以旋转编码器测量的角位置值作为旋转管C的转角真值($\alpha_2-\alpha_1$)。将旋转管C的转角测量值和真值进行比对,可确定测量系统测量截面旋转角度的精度。

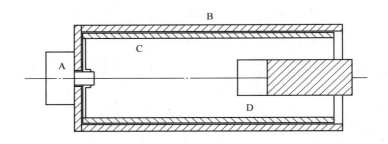

图6-25　截面旋转角度标定装置示意图

A—旋转编码器;B—支撑管;C—旋转管;D—测量装置。

图6-26所示为编码器测量结果与线结构光测量系统测量结果的对比,由图可以看出旋转角度测量误差小于0.5°。对于等齐膛线身管,设被测深孔的直径为130mm,当相邻截面的轴向距离大于1000mm时,膛线缠角的测量误差小于2′。

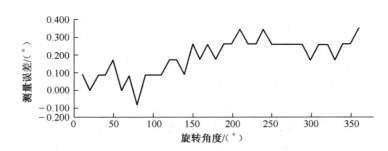

图6-26　结构光内孔几何参数测量系统旋转角度精度验证

对于其他用于深孔测量的结构光测量系统,也可以采用类似的方法验证其测量精度。

参 考 文 献

[1] ADLINK Technology Inc.PCI-8124 4 Channel Encoder Compare and Trigger Board User's Manual[EB/OL].(2007-02-12)[2017-2-10].http://www.docin.com/p_1656390165.html.

[2] Kenyence corporation.LK-G5000 系列用户手册[EB/OL].[2017-2-10].http//www.docin.com/p-977812713.html.

[3] Elmo motion control.BassoonDigital Servo Drive Installation Guide[EB/OL].(2004-06)[2017-2-10].http://www.bec.as/upload/files/faq/Elmo%20and%20MPC/Drives/Digital%20Drives/BASSOON.pdf.

[4] Copley controls corp.DIGITAL SERVO Drive for BRUSHLESS or BRUSH MOTORS[EB/OL].[2017-02-10].http://www.copleycontrols.com/Motion/pdf/r20DS.pdf.

[5] 王尔祺,宋德慧.光学仪器精度分析[M].北京:测绘出版社,1988.

[6] 王文斌,等.机械设计手册[M].北京:机械工业出版社,2005.

[7] 王庆有.CCD 应用技术[M].天津:天津大学出版社,2000.

[8] 乐开端.反求工程高精度三维数字化理论及应用研究[D].西安:西安交通大学,1998.

[9] 宋元鹤.智能化物体位移及三维面形光电测量的理论及应用化研究[D].西安:西安交通大学,1997.

[10] 雷志辉.亚像素图像处理技术及其在网格法中的应用[J].国防科技大学学报,1996,18(4):115-117.

[11] 钟玉琢.机器人视觉技术[M].北京:国防工业出版社,1994.

第7章　轴类外轮廓几何参数的线
结构光测量技术

本章主要介绍基于光幕式线结构光传感器的回转体(轴类)零件外轮廓几何参数测量方法,介绍了其测量原理、特定几何参数计算方法和测量系统的组成。

7.1　光幕式线结构光测量原理

前面各章提到的内孔几何参数测量方法中所采用的结构光技术基本都是基于结构光的反射原理工作的。基于光幕式结构光传感器(以下简称"光幕式传感器")的轴类工件外轮廓几何参数测量方法是基于结构光的透射原理工作的,即让光幕式传感器的发射器和接收器分别置于轴类工件的两侧,位于其中一侧的发射器发出的线结构光从轴类工件一侧"穿过"后,被另一侧的接收器的光敏元件接收,光敏元件根据轴类工件外轮廓的投影得到其尺寸。这种线结构光测量技术可用于工件的直径、厚度等的测量,传感器由发射器和接收器两部分组成,其工作原理如图 7-1 所示。图 7-1(a)中发射器发出均匀稳定的线结构光,通过接收器端的望远镜式光学系统后在 HL-CCD(高线性度 CCD)上成像。测量时,若在发射器和接收器之间存在被测工件,则一部分线结构光被被测工件遮挡,并随着被测工件直径的改变而使线性 CCD 上接收到光信号的像素单元变化,经过数据处理后可得到如图 7-1(b)所示的 T、B 和工件直径 D 等参数,也可以得到这几个参数的组合,如工件上下边缘距离光幕底部的距离 B 和($B+D$)等。

光幕式传感器只能给出被测工件的径向参数,为了获得轴类工件的轴截面几何参数,还需要使光幕式传感器相对被测工件做轴向运动,轴向运动的位置可由光栅尺测量;为了获得轴类工件的径截面几何参数,还需要被测

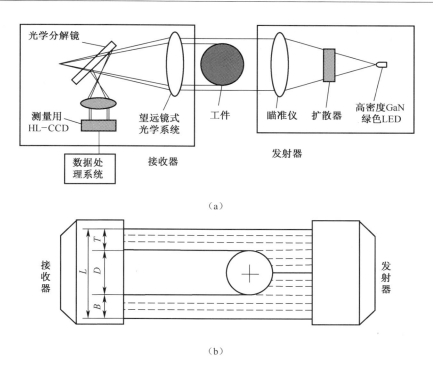

（a）

（b）

图 7-1　光幕式结构光传感器工作原理图

工件相对光幕式传感器转动,转动的位置可由角度编码器测量。轴类工件外轮廓几何参数的光幕式线结构光测量原理如图 7-2 所示。其中,在测量

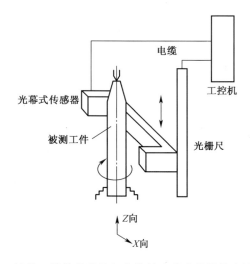

图 7-2　轴类工件外轮廓几何参数的光幕式线结构光测量原理

177

轴截面几何参数时,工件不动,光幕式传感器沿工件轴向运动,运动过程中由光栅尺测量的轴向位置和光幕式传感器测量的工件两个边缘共同构成轴截面上被测位置的坐标。在测量径截面几何参数时光幕式传感器不动,工件旋转一周,工件运动过程中由角度编码器测量的角位置和光幕式传感器测量的工件各个角度的边缘共同构成径截面上被测位置的坐标。

为了方便用户直观地了解被测轴类零件的整体形状,最好将测量数据以图形方式显示。图 7-3 是对某轴类零件轴截面进行测量时,根据采集的数据点集生成的轴截面二维轮廓图形。

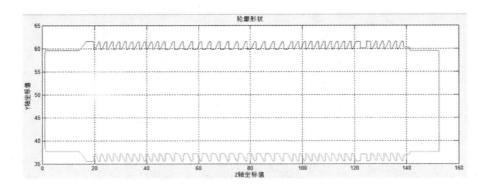

图 7-3　轴类零件的轴截面图形

轴类回转体轮廓的三维显示方法有圆周法和母线法两种,如图 7-4 所示。圆周法是在进行三维显示时将回转体按轴向方向分层,每层的横截面按一定的间隔距离进行显示,直至完成整个轮廓数据显示;母线法是在进行三维显示时将回转体按圆周方向分层,每层的轴截面按一定的间隔角度进行显示,直至完成整个轮廓数据显示。

在进行三维显示之前首先要建立坐标系,并将测量坐标系与零件三维显示工件坐标系统一,本测量系统在零件测量时以轴向方向作为 z 轴,径向方向作为 x 轴,绕轴向转动的角度为 θ。测量坐标系的数据点与三维显示工件坐标系三维数据点的对应关系如下:

$$\begin{cases} X = x \cdot \cos(\theta) \\ Y = x \cdot \sin(\theta) \\ Z = z \end{cases} \tag{7-1}$$

图 7-5 是对图 7-3 所示工件按母线法重构出的三维图。

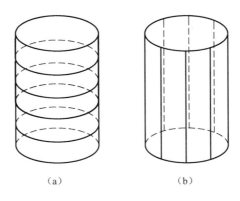

（a）　　　　　　　　　　（b）

图 7-4　轮廓显示方法

（a）圆周法；（b）母线法。

图 7-5　被测轴类工件的三维图

7.2　几何参数计算方法

　　光幕式线结构光测量技术主要适用于轴截面形状复杂而径截面形状较简单的轴类工件，径截面几何参数的计算方法可以参考第 2 章介绍的内孔径截面几何参数的计算方法，本文重点介绍复杂轴类工件轴截面几何参数的计算方法。一般来说，复杂轴类工件的轴向截面形状由多段直线或圆弧等基本形状组成，如图 7-3 所示（图示为轴截面图形，但未画出剖面线）。跟内孔测量过程一样，只根据测量时获得的有序测量点集无法直接获得工件的台阶或沟槽的长度、锥面倾斜角度等轴向几何参数，必须通过对测量数据点云进行预处理、计算才能得到，数据处理方法可参考第 2 章有关内容。下面以图 7-6 所示的复杂轴截面轴类回转体为例，介绍其轮廓几何参数计算方法。该轴类零件是由多段环状结构组成的，径截面形状为圆，形状简单，而轴截面结构复杂，由多段直线、圆弧和斜线组合而成，需要计算轴的长度、倾角、槽宽、直径和台阶高度等多个参数。

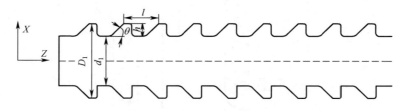

图 7-6　轴类零件的轴截面图(一部分)

对图 7-6 所示的复杂轮廓曲线,在计算几何参数时,一般需要先将预处理后的轮廓数据点进行分段,然后再对分段后的曲线进行拟合(用尽可能少的直线和圆弧的有序集合描述所测量的轮廓曲线),最后再利用拟合曲线计算所需要的几何参数。通常采用最小二乘法进行曲线拟合,2.4 节的内孔几何参数计算中已经介绍了圆(弧)的最小二乘拟合算法,本章介绍最小二乘直线拟合过程。

假设拟合直线的方程为 $z = kx + b$,其中, x 、z 为轮廓数据点坐标, k 为直线的斜率, b 为直线的节距。假设某直(斜)线段的轮廓数据点集为 $P = \{P_i(x_i, z_i) \mid 0 \leqslant i < n\}$,第 i 个数据点 $P_i(x_i, z_i)$ 与所拟合直线在 z 轴方向的距离为残差:

$$\delta_i = z_i - z = z_i - b - kx_i \tag{7-2}$$

根据最小二乘法原理,应使各个轮廓数据点的残差平方和最小,即

$$Q = \sum_{i=1}^{n} \delta_i^2 = \sum_{i=1}^{n} (z_i - b - kx_i)^2 \tag{7-3}$$

由多元函数求极值的方法可知,使 Q 取得极小值的情况下,参数 k 、b 应满足以下条件:

$$\begin{cases} \dfrac{\partial Q}{\partial b} = -2 \sum_{i=1}^{n} (z_i - b - kx_i) = 0 \\ \dfrac{\partial Q}{\partial k} = -2 \sum_{i=1}^{n} (z_i - b - kx_i) x_i = 0 \end{cases} \tag{7-4}$$

解方程式得

$$\begin{cases} k = \dfrac{\displaystyle\sum_{i=1}^{n} (x_i - \bar{x})(z_i - \bar{z})}{\displaystyle\sum_{i=1}^{n} (x_i - \bar{x})^2} \\ b = \bar{z} - k\bar{x} \end{cases} \tag{7-5}$$

其中:

$$\begin{cases} \overline{x} = \dfrac{1}{n} \displaystyle\sum_{i=1}^{n} x_i \\[3mm] \overline{z} = \dfrac{1}{n} \displaystyle\sum_{i=1}^{n} z_i \end{cases}$$

对图 7-6 所示轴类零件的轮廓数据分段后,对其中一部分轮廓段拟合得到图 7-7 所示的拟合曲线,可以看出,该轮廓段由两条水平直线、一段圆弧和一段斜线构成。根据拟合曲线,很容易求出 d_1、D_1 和 θ 等几何参数。

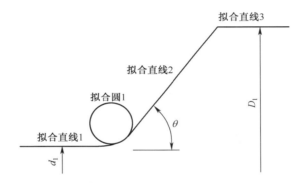

图 7-7　复杂轴类零件轴剖面轮廓的最小二乘拟合效果

7.3　测 量 系 统

光幕式线结构光轴类工件外轮廓几何参数测量系统主要由机械系统、测量系统、运动控制系统和软件系统等四大部分组成,结构示意图如图 7-8 所示,系统逻辑组成如图 7-9 所示。

机械系统用于装卡被测工件,实现被测工件和测量传感器的相对运动;底座是整个机械系统的基础部件,用来连接和支承各主要部件。直线运动机构包括导轨、滚珠丝杠和滑台,它带动光幕式线结构光传感器沿被测工件的轴线方向作直线运动。滑台采用铝合金基体,滚珠丝杠选用磨制类型,具有运动精度高和重复定位精度高的优点;导轨采用高精度滚动导轨,具有摩擦小,运动平稳的优点。回转电机通过减速器带动三爪卡盘旋转,形成旋转机构,旋转机构通过连接板固定到底座上,工件夹持在三爪卡盘和尾座的顶

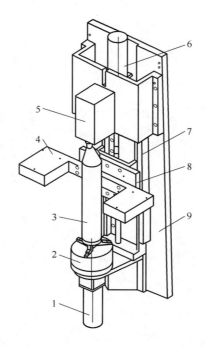

图 7-8　光幕式线结构光轴类工件外轮廓几何参数测量系统结构示意图
1—回转电机;2—三爪卡盘;3—被测工件;4—光幕结构光传感器;
5—尾座;6—轴向电机;7—光栅尺;8—滑台;9—底座。

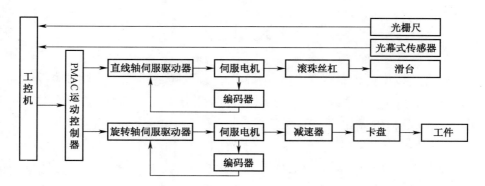

图 7-9　光幕式线结构光轴类工件外轮廓几何参数测量系统逻辑组成

尖之间,可随三爪卡盘一起旋转。轴向电机通过弹性联轴器直接驱动移动
滑台的轴向运动。

　　测量系统用于测量工件的径向尺寸、旋转角度以及光幕式线结构光传

感器的轴向位置,并将测量数据传递给系统软件,其中径向尺寸由光幕式线结构光传感器测量,轴向位置由高精度光栅尺测量,旋转角度由高精度角度编码器测量。同点结构光内孔测量系统一样,光幕式线结构光测量系统采集的数据点也来自不同传感器,为了保证测量工作的顺利进行,首先要保证各个传感器采集的数据能顺利地传送给上位计算机。此外,为了提高测量数据的重复精度,还要对来自不同传感器的数据采取同步采集的方式。以轴截面轮廓的测量为例,每个轮廓点都是由光幕传感器测得的径向数据和光栅尺测得的轴向数据构成的,按照第 2 章介绍的方法,仍然采用等空间间隔的数据采集方法来保证两类数据的同步。本章介绍的轴类外轮廓几何参数测量系统中,采集径向数据的是基恩士的 LS-7000 系列光幕传感器,其测量位置精度为 $\pm 3\mu m$,采集轴向数据的雷尼绍的 RGS20-T 光栅传感器,光栅尺栅距为 $20\mu m$,分辨力是 $0.05\mu m$,光栅尺的输出信号为数字方波信号。本系统同点结构光内孔几何参数测量系统一样,也利用编码器信号处理卡 PCI-8124 实现径向数据和轴向数据的同步采集。

PCI-8124 上进行一系列设置后,使得光栅尺按照设置好的间隔(如按 $3\mu m$,即 60 个脉冲),均匀地发出触发脉冲,触发脉冲接入到光幕传感器的控制单元中,可以同步触发光幕传感器进行径向数据的采集。基恩士 LS-7000 控制单元的同步输入信号也由 IO 接口中的 TIMING1 端子接收[1],如图 7-10 所示。

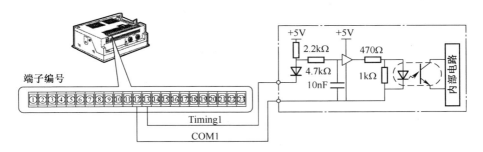

图 7-10　基恩士 LK-G5000 的同步输入信号

运动控制系统用于控制测量传感器和被测回转体工件的运动,可选用美国 Delta Tau Data System 公司的 PMAC 等多轴运动控制卡[2-3]实现回转电机和轴向电机的运动控制。PMAC 具有完全开放的体系结构,可通过 Pcomm32 函数库在 PC 机上编程应用。PComm32 是一个非常有效的开发工具,几乎囊括了所有与 PMAC 的通信方法,共包含了 250 多个函数,并且与 VB、VC++等开发软件有很好的兼容性。

软件系统用于对回转和直线运动进行实时控制,控制传感器同步采集数据,并通过算法进行数据处理,得出径向截面或轴向截面轮廓的几何参数。软件系统的主要模块包括数据采集模块、运动控制模块、图形显示模块、数据处理模块,完成数据的采集与存储、对电机的精确控制、数据的实时图形显示、几何参数计算数据处理等功能。辅助模块包括通信设置模块、检测参数设置模块和文件管理模块,完成对光栅尺和光幕式线结构光传感器的通信设置、检测参数设置和数据文件管理等功能。

图 7-11 所示为光幕式线结构光外轮廓测量装置,图 7-12 所示为对轴截面轮廓测量数据的处理结果。

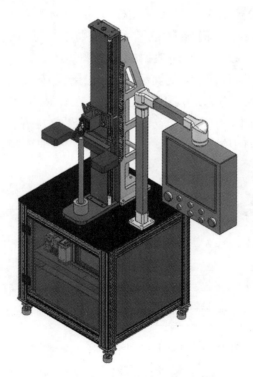

图 7-11 光幕式线结构光外轮廓测量装置

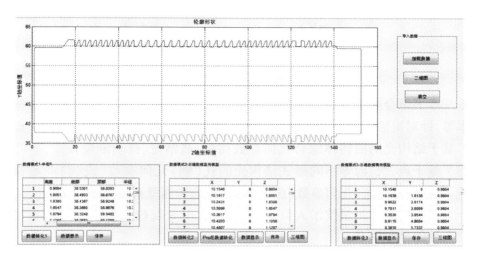

图 7-12　轴类零件轴截面轮廓测量结果

参 考 文 献

［1］ KEYENCE Corporation.LS-7000 系列用户手册［EB/OL］.（2015-08-25）［2017-02-10］.http://wenku.baidu.com/link? url=o_vcLRlijZWBn1bUUnVOlvHCUON_YVXPDoQdt5YvCzZsKEEcRDM81Q2Q b0amQcLwRBNjraxlhALN9AVyMb-Xov1SMeyvgeupvBtqhROu_13.

［2］ DELTA TAU Data Systems Inc.PMAC USER'S MANUAL［EB/OL］.（2015-06-25）［2017-02-10］.http://download.csdn.net/detail/u012719277/8838849.

［3］ DELTA TAU Data Systems Inc.PMAC/PMAC2 software referencemanual［EB/OL］.（2004-10-12）［2017-02-10］. http://wenku. baidu. com/link? url = GIGXF6YWZYbC23vWwA9yFzSA0MysS8WWmKxhNh-x1RVdHSte3dc9ts246l45lLhNtB9EA0llrmDvDkkuASMmVVDUHIR4rjocVi6GIfQtsQu.